Eine Hybride von Drehkolbenmotor und Turbine mit riesigem Synergieeffekt

OLEG TCHEBUNIN

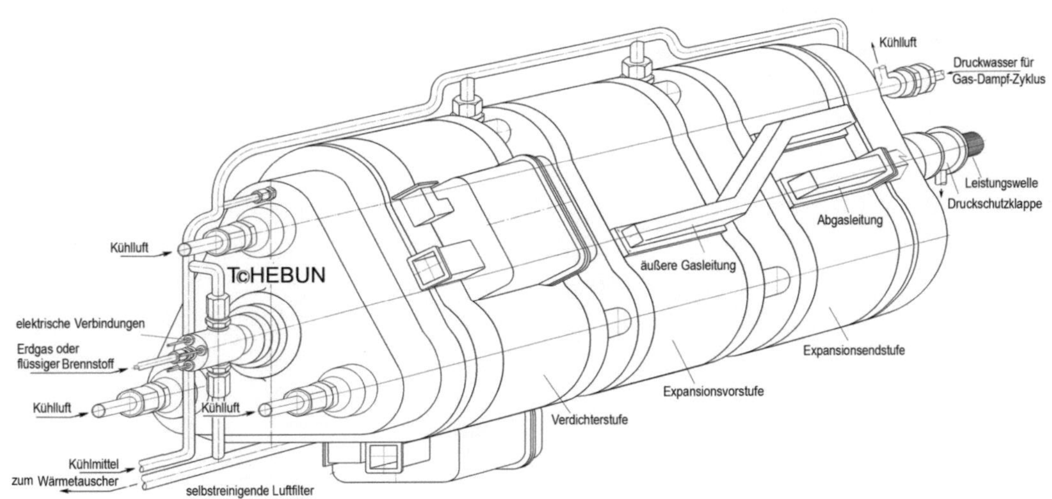

EINE HYBRIDE VON DREHKOLBENMOTOR UND TURBINE

MIT RIESIGEM SYNERGIEEFFEKT

Stuttgart 2014

Bibliografische Information der Deutschen Nationalbibliothek
Die Deutsche Nationalbibliothek verzeichnet diese Publikation in der Deutschen Nationalbibliografie; detaillierte bibliografische Daten sind im Internet über http://dnb.d-nb.de abrufbar.
1. Aufl. - Göttingen : Cuvillier, 2014

Nonnenstieg 8, 37075 Göttingen
Telefon: 0551-54724-0
Telefax: 0551-54724-21
www.cuvillier.de

1. Auflage, 2014
Gedruckt auf umweltfreundlichem, säurefreiem Papier aus nachhaltiger Forstwirtschaft.

ISBN 978-3-95404-751-2
eISBN 978-3-7369-4751-1

INHALT

Abbildungsverzeichnis

Tabellenverzeichnis

EINFÜHRUNG

Energie- und Ökologieprobleme sind einige der großen Themen der Zeit. Die Innovationen bei Energietechnologien, darunter bei den Verbrennungsmaschinen, stehen deshalb im Fokus. Zwei Gattungen der Verbrennungsmotoren haben bisher die größte Verbreitung gefunden: traditionelle Kolbenmotoren und Turbomotoren als eine Art Strömungsmaschine. Beide Gattungen haben sowohl Vorzüge als auch Nachteile, genügen aber nicht mehr den ökonomischen und ökologischen Anforderungen der Gegenwart.
Kolbenmotoren haben relativ hohe Wirkungsgrade (wahrscheinlich sind bis zu 50 % möglich) und dadurch einen geringen Kraftstoffverbrauch, ihr wesentlicher Nachteil – kleine Kennwerte bei Leistungsvolumen/Leistungsgewichten – begrenzt aber ihren bisherigen Erfolg. Zum Beispiel ist in der Luftfahrt, wo Triebwerke mit konzentrierter Leistung bei kleinen Gewichten und Ausmaßen gebraucht werden, weiterer Erfolg kaum denkbar. Besonders bei Flugzeugen mit Senkrechtstart/-Landung ist ihre Verwendung gänzlich unmöglich.
Turbomotoren, die unter den Triebwerken bisher die größten Kennwerte von Leistungsvolumen/Leistungsgewicht aufweisen, haben zwei wesentliche Nachteile, die ihre ökonomische und besonders ökologische Anziehungskraft verderben: Sie haben relativ niedrige Wirkungsgrade und verbrauchen dadurch vergleichsweise mehr Kraftstoff als Kolbenmotoren. Daher erfüllen Triebwerke mit Turbomotoren als Kraftmaschinen die ökonomischen und ökologischen Erwartungen der modernen Zeit in der Luftfahrt meist nicht. Ein weiterer Nachteil besteht in ihren verglichen mit Kolbenmotoren höheren Herstellungs- und Wartungskosten.

Eine moderne, innovative Richtung im Bereich der Verbrennungsmotoren ist die Entwicklung der Rotationskolben-Verbrennungsmotoren, die verspricht, die bekannten Schranken bisheriger Verbrennungsmotoren zu überwinden. Rotationskolbenmotoren zu entwickeln, wird dadurch befeuert, dass sie theoretisch das Potenzial haben, die Leistungskennwerte von Turbomotoren zu erreichen und dabei die Wirkungsgrade und damit den Kraftstoffverbrauch von Kolbenmotoren einzuhalten.
Aber die Entwicklungsversuche stocken. Bisher konnte sich keine Art der Rotationskolbenmotoren auf dem Markt durchsetzen. Nur eine Art der Drehkolbenmotoren – der Wankelmotor – ist zurzeit marktpräsent, hat aber keine nennenswerten Vorteile gegenüber traditionellen Kolbenmotoren und kommt vor allem für spezifische Ziele, z. B. bei unbemannten Flugapparaten, zum Einsatz.

Mit dieser Publikation versuche ich, die Aufmerksamkeit der Spezialisten und der Öffentlichkeit auf die Ursachen der bisher erfolglosen Entwicklung bei Rotationskolbenmotoren zu lenken und Wege zur Überwindung der Entwicklungshürden vorzuschlagen.
Mein Wissen in diesem Bereich und meine darauf aufbauenden Forschungen mündeten in die Erfindung einer **Dreistufigen Drehkolbenkraftmaschine mit kontinuierlichem Brennprozess**. Die Rechte sind beim DPMA mit drei Patenten und einem Gebrauchsmuster anerkannt und geschützt. Ein viertes Patent (mit einem Zusatz) ist angemeldet. Ein internationales und ein europäisches Patent sind ebenfalls erteilt worden. Angemeldet ist die Erfindung einer Schraubenkraftmaschine, die man als weitere Entwicklung der Familie der Rotationskraftmaschinen mit kontinuierlichem Brennprozess betrachten kann.

Die Darstellungen und Beschreibungen der Patente verdeutlichen die Entwicklungsetappen der Maschine, die mit Computersimulationen und thermodynamischen Berechnungen realisiert wurden.
Nach vier Entwicklungsphasen zeigt sich die „Dreistufige Drehkolbenkraftmaschine mit kontinuierlichem Brennprozess“ als neuer Triebwerkstyp. Von seinem Wesen her ist er ein Hybride – eine Zusammensetzung der Teile eines Drehkolbenmotors und einer Turbine mit wertvollen Synergieeffekten.
Von Kolbenmotoren entlehnt die Drehkolbenkraftmaschine ein Verdrängungsarbeitsprinzip und dadurch geringen Kraftstoffverbrauch. Von der Turbine übernimmt sie sowohl das Prinzip separater Arbeitsräume für die Verdichtung der Luft, die Verbrennung des Kraftstoffs und die Expansionsarbeit des Gases als auch die freie, aber abgestimmte Rotation der Rotoren in den Verdichtungs- und Expansionsräumen. Diese erfolgt ohne Rotationswandler, abgesehen vom Zahngetriebe für die Übertragung des gemeinsamen Drehmoments auf die Leistungswelle. Am wichtigsten ist, dass die Drehkolbenkraftmaschine von Turbinen das ununterbrochene Brennen des Kraftstoffs in der gesamten Brennkammer übernimmt. Dank dieser Eigenschaften hat die Kraftmaschine solche hohen Leistungskennwerte (Leistung pro Gewicht- oder Volumeneinheit), wie sie bisher nur für Turbinen charakteristisch sind.
Dank geregelten ununterbrochenen Brennprozesses, vollständiger Verbrennung des Kraftstoffs bei ständigem Luftüberfluss während des Brennens und vollständiger Ausdehnung des Gases in seinen Arbeitsräumen hat die Kraftmaschine einen sehr umweltfreundlichen und geräuscharmen Ausstoß. Jeder gasförmige oder flüssige Kraftstoff ist verwendbar, Kryostoffe inklusive.

Bei organischer Zusammensetzung der Teile beider Verbrennungsmaschinen-Gattungen entsteht eine neuartige Wärmemaschine, die sowohl die ökonomischen Verdichter- und Expansionsvorgänge von Kolbenmotoren als auch den kontinuierlichen Brennprozess mit Brennkammern von Turbomaschinen realisiert. Außerdem lässt sich die Brennkammer im Hauptrotor platzieren, umgeben von einem unbeweglichen Brennrohr, das mit von der Verdichterstufe gelieferter komprimierter Luft vor dem Eintritt in die Brennkammer allseitig gekühlt wird. Das Brennrohr isoliert also die Brennkammer im Inneren der Maschine und unterbindet einen Wärmeverlust nach außen, was den Wirkungsgrad positiv beeinflusst.
Versuche in diese Richtung werden schon seit Langem unternommen, z. B. in der RWTH Aachen: Dr.-Ing. Martin Nijs und Univ.-Prof. Dr.-Ing. Stefan Pischinger vom Lehrstuhl für Verbrennungskraftmaschinen an der RWTH Aachen haben mir in ihrem Gutachten vom 18.03.2013 zu meinen Erfindungen freundlicherweise einige Information gewährt. Laut Auszug aus dem Vorlesungsdruck „Alternative und elektrifizierte Fahrzeugantriebe“ der RWTH Aachen wurde ein ähnliches IKV-Verfahren mit kontinuierlicher Verbrennung 1970 von U. Rohs am Institut für Kraftfahrwesen der RWTH Aachen entwickelt und in Experimenten untersucht. Für mich erwiesen sich die Ergebnisse dieser Experimente als große Argumentationshilfe bei meinen Ausarbeitungen. Meine Erwartungen und Vorstellungen der Drehkolbenkraftmaschine wurden durch Rohs’ Bewertung des IKV-Verfahrens bestätigt, denn das IKV-Verfahren bestand gerade in Versuchen mit kontinuierlichem Brennprozess. Die Bewertung ergab im Vergleich mit konventionellen Arbeitsverfahren folgende Vor- und Nachteile (vgl. RWTH Aachen).

Vorteile

+ Wegen fehlenden Druckanstiegs bei der Verbrennung können hohe Verdichtungsverhältnisse realisiert werden. Dies bewirkt hohe Wirkungsgrade.
+ Bedingt durch die kontinuierliche Verbrennung ist der Motor vielstofffähig.
+ Der Verbrennungsablauf innerhalb der Brennkammer kann optimal gesteuert werden, wodurch die Emissionen ohne Abgasnachbehandlung minimiert werden.

- \+ Der Motor ist extrem schwingungs- und vibrationsarm (Axialkolbenbauweise, Verbrennung ohne Druckanstieg).
- \+ Einfache Zündanlage, denn nur eine Erstzündung der kontinuierlichen Verbrennung ist notwendig.
- \+ Weitreichende Möglichkeiten zur Wirkungsgradsteigerung (Überexpansion, regenerative Abgaswärmenutzung, Aufladung).

Nachteile

- – Es liegen hohe thermische Belastungen der Brennkammer und der Ladungswechselkanäle zum Expansionstriebwerk vor.
- – Steuerung des Heißgases ist problematisch.

Wie auch weitere Materialien über Drehkolbenkraftmaschinen zeigen, können alle oben genannten Vorteile bei Drehkraftmaschinen realisiert werden, einschließlich Steuerung des Heißgases. Die „hohen thermischen Belastungen der Brennkammer und der Ladungswechselkanäle" werden bei Drehkolbenkraftmaschinen durch das Luftüberflussverfahren beim Brennen reduziert. Die Kühlung dieser Elemente erfolgt hauptsächlich durch die Eintrittsluft aus der Verdichterstufe mit niedriger Temperatur, die vor dem Eintritt in die Brennkammer das Brennrohr mit der Brennkammer im Inneren allseitig umspült und kühlt sowie die Ladungswechselkanäle mit einer Grenzluftschicht schützt. Die Anwendung standardisierter hitzebeständiger Stähle oder hochwarmfester Fe-Co- oder Ni-Legierungen wird womöglich nur an einzelnen Stellen nötig sein.
Zudem ist auch die Steuerung des Heißgases realisiert – ein Mittel oder Instrument für die nachhaltige Entwicklung des experimentellen Prototyps zur vollkommenen Kraftmaschine, indem mit der Optimierung der Kühlsysteme bei experimenteller Durcharbeitung des Prototyps die Temperatur des Arbeitsgases und die Wirkungsgrade nachhaltig erhöht werden können. Von Bedeutung ist auch, dass die Kühlung der Brennkammer durch die Eintrittsluft erfolgt. Damit wird Wärme in den Arbeitsprozess zurückgegeben und Verluste nach außen reduziert, was den Wirkungsgrad weiter steigert.

Diese Erläuterungen waren nicht Bestandteil meines bei der RWTH Aachen vorgelegten Konzepts, das dann wie folgt begutachtet wurde:

> Vorteilhaft an dem Konzept ist die kontinuierliche Verbrennung, welche einen schadstoffarmen Betrieb der Maschine ermöglicht. Nachteilig ist der maximal mögliche Wirkungsgrad der Maschine zu nennen. Die Brennkammer und der Einlass des Expanders sind ständig der maximalen Prozesstemperatur ausgesetzt, was den Einsatz hochtemperaturfester, teurer Materialen erfordert und die maximale Prozesstemperatur limitiert und somit zu niedrigen Wirkungsgraden im Vergleich zum Verbrennungsmotor führt. Im Vergleich zu Gasturbinen lässt sich wahrscheinlich bei kleinen Maschinengrößen ein höherer Wirkungsgrad, speziell im Teillastbetrieb erreichen, jedoch wird die spezifische Leistung der Maschine aufgrund des höheren Leistungsgewichtes von Verdrängermaschinen im Vergleich zu Strömungsmaschinen niedriger ausfallen. Für größere Maschinen, Kraftwerksturbinen oder Luftstrahl-Triebwerke sind die Strömungsmaschinen im Wirkungsgrad besser als die Verdrängungsmaschinen und Ihre Erfindung somit nicht vorteilhaft. Für die Verdrängerverdichter und -expander setzen Sie einen Drehkolbenverdichter ein, welcher nur begrenzt bewertet werden kann, da aussagekräftige Zeichnungen und Systembeschreibungen nicht vorliegen. Jedoch stellt die Abdichtung auf der Stirnseite der Drehkolben eine Herausforderung dar.
> Insgesamt sehen wir auf Grund des eher ungünstigen Verhältnisses von Vorteilen und Nachteilen wenige Chancen für die Realisierung dieses Konzepts in der Serie.

Obwohl das Gutachten nicht positiv ausfiel – ich erwartete kein sofort positives Gutachten, da die ausführlichen Materialien zur Konstruktion und die thermodynamischen Auslegungen nicht beigelegen hatten –, fühle ich mich bestätigt, auf dem richtigen Weg zu sein.

In der Tat konnten die 1970 durchgeführten Experimente mit voneinander getrennten Einzelmaschinen nicht positiv ausfallen, denn mit schweren Einzelteilen und nicht geregeltem Temperaturregime sind kein Schutz der Konstruktion vor hohen Temperaturen sowie keine hohen Leistungsgewichte und Wirkungsgrade möglich. Dabei waren auch keine rationelle Wärmeabfuhr und keine Steuerung der Gastemperatur möglich. Zusammengefasst hat Rohs damals mit Maschinen experimentiert, die keine Ähnlichkeit mit der erfundenen Drehkolbenmaschine haben.
Bei der dreistufigen Drehkolbenkraftmaschine mit kontinuierlichem Brennprozess sind alle von Rohs entdeckten Probleme gelöst und die Lösungen mit thermodynamischen Berechnungen belegt. Für die thermodynamischen Begründungen wurden von mir ein thermodynamisches Modell des Arbeitsprozesses sowie ein Berechnungsalgorithmus für ein Microsoft-Excel-Arbeitsblatt ausgearbeitet. Nach Angabe der gewünschten Leistung und Drehzahlen sowie etlicher anderer Begrenzungen und Konstanten berechnet der Algorithmus zahlreiche Bauvarianten der Maschine, aus denen dann die Variante ausgewählt werden kann, die der Bestimmung der Maschine und den Limitierungen bei Material, Herstellungstechnologie usw. entspricht.
Die Berechnungsdaten ergeben alle Parameter des Förderstroms in allen Teilen der Drehkolbenkraftmaschine sowie die Charakteristiken der Maschine wie Wirkungsgrade, Kraftstoffverbrauch, Abwärme, Dimensionen etc.

Durch die Vielzahl an Anwendungsmöglichkeiten und die umweltschonenden und Ressourcen sparenden Eigenschaften ergibt sich ein äußerst diversifiziertes Marktpotenzial für die Drehkolbenkraftmaschine mit kontinuierlichem Brennprozess. Ein Einsatz der Drehkolbenkraftmaschine ist vor allem im Bereich der Automobilindustrie, Luft- und Schifffahrt, aber auch in Schienenfahrzeugen, Straßenbau und Bergbau denkbar.
Für die Anwendung in der Schwerindustrie hat die Maschine eine besondere Eigenschaft: „direkten Zug". Nach entsprechenden Projektvorgaben konstruiert könnte sie also ein großes Anfangs-Drehmoment entwickeln, sodass bei etlichen Verwendungen kein Reduziergetriebe nötig ist.
Bedeutendes Marktpotenzial für die Drehkolbenkraftmaschine wird in der Automobilindustrie (Pkw, Lkw) gesehen, und hier nicht nur im Segment „Motoren für Neufahrzeuge", sondern ebenfalls im Bereich der Nachrüstung.
Zurzeit gibt es einen bevorzugten Zielmarkt – sogenannte „Range Extender" für die Versorgung eines leicht gebauten Elektrofahrzeugs. Daher würde eine Auslegung der Kraftmaschine bei 30–50 kW vermutlich Vorteil bringen.
Zweites aktuelles Einsatzgebiet wäre die Versorgung eines Mehrfamilienhauses mit einem Mini-Blockheizkraftwerk. Für diese Zwecke reicht vermutlich eine Auslegung der Kraftmaschine auf weniger als 30 kW aus.

Die vorliegende Publikation ist auch ein Versuch, Investoren und Unternehmen mit entsprechendem Equipment und Erfahrungen zum Bau des ersten experimentellen Prototyps zu finden. Die Baupläne (Generalplan und sog. Sprengzeichnungen) eines Prototyps mit einer Leistung von 100 kW habe ich bereits angefertigt.

Die Ausarbeitung der weiteren Dokumentation zum Bau und zur Herstellung wird durch die Verwendung ausschließlich frei zugänglicher, in Shops käuflicher oder auf Bestellung gefertigter Elemente und Waren (z. B. Hochleistungs-Gleitringdichtungen oder Brennkammer mit

Brennkopf) für die innere Füllung erheblich erleichtert. Auswahl bzw. Nachbesserungen bei der Füllung sind zu optimieren und an die Beschaffenheit der Kraftmaschine anzupassen.
Für einen erfolgreichen Anfang der Experimente ist aus den Berechnungsdaten die Variante mit niedrigen Wärmebelastungen auserkoren. Dadurch wird die Maschine zunächst keine hohe Effizienz zeigen (hohe Leistungskennwerte und Wirkungsgrade), da sie mit hohem Luftüberschuss beim Brennen des Kraftstoffs[1] und mit einem effizienten Kühlsystem ausgestattet ist. Aber von Anfang an besitzt die Kraftmaschine mit ihren speziellen Einrichtungen die Fähigkeit, den Luftüberschuss beim Brennprozess und damit die Gastemperatur zu verringern oder zu erhöhen. Das ermöglicht es, die Schwachstellen der Konstruktion am Anfang der Experimente zu ermitteln und Nachbesserungen beim Kühlsystem und an der gesamten Konstruktion durchzuführen. Auf diesem Weg lassen sich die Gastemperatur und damit die Effizienz nachhaltig erhöhen. Darüber hinaus ermöglichen diese Einrichtungen bei der Drehkolbenkraftmaschine entweder einen ökonomisch günstigen Dauerbetrieb oder andere nützliche Betriebseigenschaften, wie erhöhtes Beschleunigungsvermögen oder Startzugkraft. Bei Bedarf kann auch ein milderes Wärmeregime verwendet werden.
Von Beginn an besitzt die Drehkolbenkraftmaschine also die Eigenschaft**, die Gastemperatur nach Bedarf zu steuern.**

Eine großartige Besonderheit der Drehkolbenkraftmaschine mit kontinuierlichem Brennprozess besteht darin, dass mit Erhöhung der Drehzahlen und des Arbeitsdrucks sowie der Gastemperatur eine mehrfache Erhöhung der Leistung bei nicht wesentlichen Änderungen der Baumasse möglich ist, sodass aus der Maschine mit anfänglicher Projektleistung von 100 kW eine Maschine mit etwa 300 kW entwickelt werden könnte.

[1] Gemeint ist eine Verdünnung des Mediums als Mittel zur Senkung der Gastemperatur.

TEIL I

STAND DER TECHNIK BEI VERBRENNUNGSMOTOREN

1 Kurzübersicht über die aus der Patentliteratur und dem Internet bekannten Projekte von Drehkolbenkraftmaschinen

Drehkolbenkraftmaschinen beschreiben z. B. die US-Patente WO 0022286 YAZQUEZ, Jesus, 2000, US Patent Office, Patent 3,203,406, GEORGE Dettwiller, 1965, WO 00/14390 ADAMOWSKI Victor Isaevich 1998; das schweizerische Patent WO 99/35382, CHOV, Jungkuang, 1999; das französische Patent N° 676.625 Warren Engine Company, 1929; die deutschen Patente WO 00/77363 A1 TOMCHNIK Hubert, 2000, DE 197 11 084 A1 AHREND, Jochen 1998, DE 195 20 100 A1 KUHN, Jean, 1995, das Gebrauchsmuster G 94 01 804.9 LEIBKE Klaus 1994; die russischen Patente WO 00/77365 A1 МЕССОНЖИК Семён Моисеевич 2000, WO 98/19061 Киселёв Александр Яковлевич 1997, WO 96/17161 ДРАЧКО Евгений Фёдорович etc.

Im Internet lassen sich neben Patenten auch einige Publikationen über Drehkolbenkraftmaschinen mit Schemen, Beschreibungen und Auslegungen finden, z. B. zum „Rotierenden Nasenmotor“ von Peter Varga (vgl. http://orbitamotors.com/de) oder über den Wolfhart-Motor (vgl. http://www.wolfhartindustries.com/fluid.htm).
Im russischsprachigen Bereich wurden sogenannte Schaufel-Rotor-Motoren verschiedener Art vom Wärmephysikinstitut der russischen Wissenschaftsakademie sowie dem Polytechnischen Institut in Pskow (vgl. http://lmotor.com/, http://informpskov.ru/print/47037.html – Schaufel-Rotor-Motor mit äußerer Wärmezufuhr und Hebel-Nocken-Mechanismus; http://www.altstu.ru/structure/facultyf/fitm/ – Vier-Takt-Turbo-Rotor-Motor der Fakultät für Energie-Maschinenbau und der Autotransportindustrie FEAT) beschrieben. Von W. A. Romanow liegt eine Publikation über einen „Adiabatischen Gas-Dampf-Turbomotor“ vor (vgl. http://rovlan.narod.ru/).

Alle oben genannten Patente und Projekte zu Drehkolbenkraftmaschinen beschreiben Maschinen, die meist nicht gebaut wurden, oder – falls schon gebaut – einfachen Prüfungen nicht standhalten. Deshalb ist keine von ihnen auf dem Markt präsent, auch wenn alle Arten dieser Drehkolbenkraftmaschinen stets eigene Vorteile reklamieren und Hoffnungen äußern – die Erfolge bleiben aber aus.
Wie folgende Analyse zeigen wird, sind solche Erfolge bei der aktuellen Lage in diesem Bereich der Technik auch nicht zu erwarten. Dabei sind fast alle Nachteile und ihre Ursachen längst bekannt. Die Entwickler sehen aber nicht die Wege zur Überwindung der Hindernisse und folgen der ruhmreichen Tradition des Kolbenmotors.

2 Mängel in den konstruktiven Schemata von Verbrennungsmotoren

Die bisher vorgestellten Drehkolbenkraftmaschinen, wie übrigens die ganze Gattung der Kolbenmaschinen, haben den gemeinsamen „Ur-Mangel", der allen Kraftmaschinen mit **diskontinuierlichem** Arbeitsprozess anhaftet. Dies stört ihre weitere Entwicklung zu vollkommenen Kraftmaschinen. Die Analyse zeigt, dass dabei ein Irrweg beschritten wird: Man forscht mit einem von Tradition umwehten prinzipiellen Schema. Doch gerade dieses hat „angeborene" Nachteile, und zwar folgende:

1. Es sieht vor, dass alle sich abwechselnden, diskreten Arbeitsvorgänge – Ansaugen, Komprimierung, Arbeitsgang, Ausstoß (sogenannte Takte) – bei traditionellen Kolbenmaschinen oder Drehkolbenkraftmaschinen in den verschiedenen Entwicklungsprojekten immer in eben jenen einzigen Räumen erfolgen – in Zylindern oder in Kammern mit anderer Konfiguration. Aber darin ist nicht genügend Raum für eine vollständige Ausdehnung des Gases – der Ausdehnungsraum für Gas gleicht dort dem Ansaug- und Verdichtungsraum für Luft, wogegen er thermodynamisch betrachtet ungefähr zweimal größer sein sollte. Dadurch wird ein Teil des Gases mit großem restlichen Druck abgelassen. Jeder kann sich von diesem Fakt überzeugen, wenn er das Abgasrohr vom Flansch auf dem Gehäuse des laufenden Motors trennt und vom Lärm des Gasdrucks betäubt wird. Das bedeutet, das Arbeitsgas ist weitgehend nicht abgearbeitet, d. h., Leistung (Wirkungsgrade, Wirtschaftlichkeit) und Ökologie (Auspufflärm, schädliche Abgase nicht vollständig verbrannten Kraftstoffs) leiden. Und durch die Abgasnachbehandlung steigen die Herstellungspreise.

2. Es leidet der Schnelllauf (Drehzahl pro Zeiteinheit) infolge der erzwungenen Reihenfolge diskreter Arbeitsvorgänge (Takte) sowie durch Anhalten der Teile, die diese Arbeitsvorgänge regulieren (Kurbelgetriebe und Getriebe zur Steuerung der Ein- und Auslassklappen bei traditionellen Kolbenmotoren sowie verschiedene Synchronisierungs- und Übertragungseinrichtungen bei Drehkolbenmotoren). Als Folge ist eine radikale Steigerung der Drehzahlen **n** und damit der Leistung **P** solcher Kraftmaschinen problematisch, denn die Leistung $\mathbf{P = 2\pi\, n\, M}$ hängt unmittelbar von der Drehzahl ab.

3. Die Umwandlung der Expansionsenergie des Gases in die mechanische Energie der Rotation der Welle erfolgt bei allen diesen Maschinen auf uneffektive Weise entweder durch die Kurbelgetriebe bei Kolbenmotoren oder durch irgendeinen anderen komplizierten Mechanismus bei Drehkolbenmotoren, der die nach einer Gemischexplosion wuchtenden Kolben (oder beide Schaufeln bei Schaufel-Rotor-Motoren) mit der Leistungswelle verbindet. Diese Mechanismen führen zur Unterbenutzung des Gasdruckeffekts, denn ihr Dreharm ist nicht so konstant wie erforderlich und ändert sich von Null bis zum Maximum, wobei er insbesondere bei größtem Gasdruck die kleinsten Werte annimmt. Diese Mechanismen sind Quelle großer Massenkräfte und Konstruktionsunsicherheiten sowie die Ursache der großen Masse bei Kraftmaschinen.

4. Niedriger Schnelllauf und Präsenz verschiedener Bewegungswandler und Getriebe sind die Ursachen für die kleinen Kennwerte des Leistungsvolumens $\rightarrow K_L = P/\sum V$ (d. h. der Leistung in der Einheit des Bauvolumens). Für herkömmliche Kolbenmotoren beträgt dieser Kennwert etwa 200 kW/m^3. Für verschiedene Arten von Drehkolbenkraftmaschinen ist er womöglich etwas höher. Dadurch und angesichts ihrer Vorteile bleiben Drehkolbenkraftmaschinen Objekte für weitere Ausarbeitungen.

5. Darüber hinaus wird die Entwicklung von Drehkolbenkraftmaschinen durch zusätzliche Mängel erschwert, darunter Schwierigkeiten bei Kühlung und Schmierung der oszillierenden bzw. wuchtenden Kolben und bei Verdichtung und folgendem Verschleiß sowie geringer Sicherheit.

6. Ein weiterer Nachteil bei Verbrennungsmotoren mit **diskontinuierlichem** Arbeitsprozess besteht darin, dass manche Regimes die sogenannte stöchiometrische Verbrennung des Kraftstoffs anwenden. Darunter versteht man einen Prozess, bei dem nur die Menge Luft beim Brennen anwesend ist, die für die völlige Verbrennung des zugestellten Kraftstoffs ausreicht. Dabei ist der Luftüberschuss $\omega = V_V/V_{min} = 1$ und die Temperatur des Gases steigt bei einem solchen Brennprozess auf t = 2000 °*C* (T = 2273 *K*). Mehr noch, es gibt oft einen Kraftstoffüberschuss beim Brennen. Ein Teil des Kraftstoffs wird nicht verbrannt, mit den Abgasen ausgestoßen und hier endgültig verbrannt. Bei so hohen Temperaturen und dem explosionsartigen Charakter der Prozesse entstehen schädliche Verbindungen (CO, CO_2, C_xH_y, NO_x, Benzol, Ruß und andere), die dann mit den Abgasen in die Atmosphäre gelangen können und die Ökologie stören. Man ist deshalb gezwungen, ein System der Lärmbekämpfung und Gasreinigung mit Katalysatoren und Filtern einzusetzen. Jedoch bleiben dabei die ökologischen Belastungen und ein erhöhter Verbrauch an Naturressourcen. Einen solchen oder ähnlichen Prozess verrichten manche herkömmlichen Kolben-, Wankel- und verschiedene Arten der Drehkolben- und Schaufel-Rotor-Motoren – übrigens wird bei allen Motoren das Kraftstoffgemisch periodisch gezündet und der Ausdehnungsraum entspricht dem Ansaugraum. Bei Turbo-Gas- und Strahltriebwerken in der Luftfahrt, wo bei der Verbrennung des Kraftstoffs ebenso hohe Temperaturen entstehen, ist eine Nachbehandlung der Abgase schwer vorstellbar. Dadurch und wegen der großen Menge der Ausstoßgase fügen herkömmliche Luftfahrttriebwerke der Ökologie gewaltigen Schaden zu. Hier ist eine Verwendung von Antrieben mit sauberem Ausstoß besonders notwendig.

7. Die Wirtschaftlichkeit, d. h. die Wirkungsgrade der Kraftmaschinen mit **diskontinuierlichem** Arbeitsprozess, darunter alle bekannten Arten von Drehkolbenkraftmaschinen, könnte besser ausfallen: Sie übersteigt kaum 40 %, denn erstens übersteigen die Wirkungsgrade der thermodynamischen Prozesse 60–65 % nicht und zweitens bestehen die oben beschriebenen Mängel beim Ausdehnungsraum. Ferner gibt es große mechanische Verluste, Verluste bei der Nachbehandlung der Abgase sowie bei zusätzlichen Wärmeübergängen und der Kühlung.

Drehkolbenkraftmaschinen sind als Wärmemaschinen oft wegen ihrer Konfiguration der Arbeitskammer (z. B. bei einer sichelförmigen Kammer) nicht optimal. Die Außenflächen der Kammer sind dabei zu groß im Verhältnis zu ihrem Volumen, wodurch die Wärmeverluste durch die Wände steigen.
Alle Kolben- und Drehkolbenkraftmaschinen stören die **diskontinuierliche** Arbeitsweise durch eine nicht vollständige Ausdehnung des Gases, eine nicht vollständige Verbrennung des Kraftstoffs, Verluste von Reibung und Anhalten der taumelnden und wuchtenden Teile durch diverse Synchronisierungs- und Übertragungsmechanismen, die viel Raum beanspruchen sowie Unsicherheit und große Massen verursachen. Daher verwundert es nicht, dass nach fast einem halben Jahrhundert der Entwicklungsversuche bei Drehkolbenkraftmaschinen der Erfolg ausbleibt. Die einzige positive Folge des unterbrochenen Arbeitsprozesses ist die erleichterte Kühlung der Kolben und Arbeitskammerseiten durch die Unterbrechung der Wärmezufuhr. Gerade dieser Umstand hat die hundertjährige Erfolgsgeschichte ermöglicht.

Turbomaschinen haben einen großen Nachteil als Strömungsmaschinen, denn ihre Wirkungsgrade übersteigen 20 % üblicherweise nicht. Wenn sie höher ausfallen, dann wegen einer intensiven Verwertung der Abgaswärme in zusätzlich angebauten Anlagen. Deshalb erweisen sich die ökonomischen Kennwerte der Kolbenmotoren (Wirkungsgrade bis 40 %) noch als günstig im Vergleich mit Turbomaschinen, die ihrerseits das höchste Leistungsvolumen erreichen – nämlich bis $K_L = 8000\ kW/m^3$ – und dadurch breite Verwendung in der Industrie, besonders in der Luftfahrt, gefunden haben. Weitere Nachteile neben den niedrigen Wirkungsgraden bestehen in ihren hohen Herstellungskosten, ihrem großen Lärmpegel und der bereits erwähnten erheblichen Menge giftiger Abgase.

Somit erweisen sich herkömmliche Kolbenkraftmaschinen mit ihrem diskontinuierlichen Arbeitsprozess und der nicht vollständigen Ausdehnung des Arbeitsgases trotzdem als relativ wirtschaftlich im Vergleich zu Turboaggregaten. Für sie sind wirkungsvolle Methoden zur Senkung des Lärmpegels und Toxizität ausgearbeitet, allerdings zulasten der Wirkungsgrade und Herstellungskosten. Für beide Typen der Kraftmaschinen existieren Methoden zur Steigerung der Wirkungsgrade, darunter die schon erwähnte Anwendung des Dampf-Gas-Prozesses für eine zusätzliche Auswertung der Energie des Auspuffgases, auch wenn diese Errungenschaften ihrerseits zu Komplikationen führen.

Das zusammengefasstes Ergebnis dieser Analyse lautet: Weiterer Progress bei Verbrennungsmotoren ist nur mit der Entwicklung einer Wärmemaschine möglich, die getrennte Arbeitsräume für die Verdichtung der Luft, die Expansionsarbeit des Gases sowie das ständige Brennen des Kraftstoffs in separaten Brennkammern wie bei Turbomaschinen hat, aber auch einen Kolbenverdrängungsprozess wie Kolbenmotoren und die vollständige Gasausdehnung in den Expansionskammern realisiert. Solche Kraftmaschinen könnten die Vorteile sowohl der Diesel- und Ottomotoren als auch der Gasturbinen vereinen und wären frei von einigen hier besprochenen Nachteilen.

3 Innovationen und Erfindungen

Eine solche Kraftmaschine wurde vom Autor erfunden und beim DPMA mit folgenden Patenten und Anmeldungen geschützt.

[1] **Patent DE 10 2006 038 957 Drehkraftmaschine mit drei rotierenden Verdrängern.** Tag der Anmeldung: 18.08.2006, Offenlegungstag: – Veröffentlichungstag der Patenterteilung: 03.01.2008.

[2] **Patent DE 10 2009 005 107 Drehkraftmaschine mit drei rotierenden Verdrängern mit Eintrittsdruckklappen und einer Steuerung der Einlassöffnung in das Brennrohr**. Tag der Anmeldung: 19.01.2009, Offenlegungstag: – Veröffentlichungstag der Patenterteilung: 23.09.2010.

[3] **Patent DE 10 2010 006 487.4 Drehkraftmaschine mit drei rotierenden Verdrängern, Eintrittsdruckklappen und einer Steuerung der Einlassöffnung in das Brennrohr, zusätzlicher Expansionsvorstufe, einziehbaren Dichtleisten und einer äußeren Verzahnung aller Rotoren.** Tag der Anmeldung: 02.02.2010, Offenlegungstag: – Veröffentlichungstag der Patenterteilung: 01.03.2012.

[4] **Internationales Patent WO 2010/081469; PCT/DE 2010/000030.** Tag der Anmeldung: 19.01.2010, Patenterteilung: 22.07.2010, Priorität: 19.01.2009, Patent-Nr.: 10718430.1-2315 PCT/DE2010000030 – die europäische Phase.

[5] **Anmeldung des Patents DE 10 2012 011 068.5 Drehkolbenkraftmaschine mit drei rotierenden Verdrängern, einer Steuerung des Kompressionsraums, einer Steuerung des Ausdehnungsraums und mit Einrichtungen für die Realisierung des Gas-Dampf-Zyklus.** Tag der Anmeldung: 02.02.2010, Offenlegungstag: – Veröffentlichungstag.

[6] **Zusatz-Aktenzeichen DE 10 2013 016 274.2 zur Anmeldung DE 10 2012 011 068.5 Dreistufige Drehkolbenkraftmaschine mit kontinuierlichem Brennprozess.** Tag der Anmeldung: 25.10.2013.

[7] **Anmeldung des Patents DE 10 2010 020 681.4 Schraubenkraftmaschine mit vier Nebenrotoren, mittels Arbeitsdrucks gesteuerter Verdichterstufe und mittels Rückkopplung zum Auspuffraum optimal gesteuerter Brennkammer.** Tag der Anmeldung: 02.02.2010, Offenlegungstag: – Veröffentlichungstag 19.01.2012.

[8] **Gebrauchsmuster 20 2006 008 158.5 Antriebsanlagen für Flugzeuge mit Schraubenkraftmaschine.** Tag der Anmeldung: 22.05.2006, Tag der Eintragung: 09.11 2006.

Diese Patente enthalten ein Schema der Drehkolbenkraftmaschine mit getrennten Verdichter- und Expansionsarbeitsräumen und einer Brennkammer mit kontinuierlichem Brennprozess und sind als State-of-the-Art der Technik anerkannt. Diese technische Konfiguration ermöglicht einen parallelen und ununterbrochenen Verlauf der Arbeitsprozesse mit einer vollständigen Ausdehnung des Gases bei freier, aber synchroner Rotation der Rotoren wie bei Turbinen und mit Turbinengeschwindigkeiten.

Die Anmeldungen des Patents DE 10 2010 020 681.4 und des Gebrauchsmusters 20 2006 008 158.5 beschreiben eine Variante der Drehkolbenkraftmaschine mit kontinuierlichem Brennprozess – die Schraubenkraftmaschine. Ihre besondere und vorteilhafte Eigenschaft besteht darin, dass sie mit besonders gleichmäßigem Drehmomentverlauf ausgestattet ist und nach meiner Auffassung damit die nächste Entwicklungsstufe der Gattung Drehkolbenkraftmaschinen mit kontinuierlichem Brennprozess darstellt.

TEIL II

DREISTUFIGE DREHKOLBENKRAFTMASCHINE MIT KONTINUIERLICHEM BRENNPROZESS
Aufbau, Wirkungsweise und Betriebsverhalten

1 Konstruktion der dreistufigen Drehkolbenkraftmaschine mit kontinuierlichem Brennprozess

Oben genannte Patente führen eine Drehkolbenkraftmaschine vor, die in mehreren Etappen konstruktiver und thermodynamischer Ausarbeitungen zustande gekommen ist. Der vollständige Entwicklungsweg der Maschine vom ursprünglich einfachen Schema bis zur konstruktiven Ausführung beschreibt die Anmeldung des Patents DE 10 2012 011 068.5. Im Folgenden wird die dreistufige Drehkolbenkraftmaschine mit kontinuierlichem Brennprozess in der letzten Version vorgeführt (siehe Abbildungen 1–11) und ausführlich beschrieben.

HAUPTGLIEDERUNGSTEILE

Die Drehkolbenkraftmaschine besteht funktionell aus drei Stufen – Verdichtungsstufe (5), Expansionsvorstufe (7) und Expansionsendstufe (46) – sowie aus einem Brennrohr (19) mit Brennkammer (21) im Inneren, das durch ein Verbindungsrohr (53) unbeweglich auf dem Gehäuse befestigt ist und sich durch alle drei Stufen erstreckt. Ein Vorder- (1) und ein Rückdeckel (9) mit eingebauten Steuerorganen, Lagern, Getrieben und einer Leistungswelle ergänzen die Gestalt der Drehkolbenkraftmaschine. Diese sechs Einheiten bilden die Hauptgliederungsteile der Drehkolbenkraftmaschine. Ein verzweigtes Flüssigkeits- und Luftkühlsystem sowie spezielle Einrichtungen bei der Verdichterstufe zur Steuerung der Gastemperatur beim kontinuierlichen Brennprozess in der Brennkammer regulieren das Wärmeregime der Drehkolbenkraftmaschine.

ROTIERENDE TEILE

Durch alle drei Stufen erstreckt sich ein Hauptläufer (11) und mit ihm durch äußere längliche Verzahnung (56) gebunden drei Nebenläufer (4). Alle Nebenläufer haben längliche Vorsprünge – Verdrängungskämme (12), die als rotierende Kolben dienen. In jeder Stufe überstreichen die Kolben bei Drehung die von Stirn- und Seitenwänden der Stufen gebildete Arbeitskammer. Der Durchmesser jeder Arbeitskammer ist doppelt so groß wie der Durchmesser des zylindrischen Körpers des Nebenläufers. Der Hauptläufer erhält in jeder Stufe drei längliche Vertiefungen (15, 23), die einen Eingriff der Kämme (12) in den Hauptläufer und eine gemeinsame Drehung des Hauptläufers mit den Nebenläufern ermöglichen.

Abbildung 1: Dreistufige Drehkolbenkraftmaschine mit kontinuierlichem Brennprozess – Längsschnitt

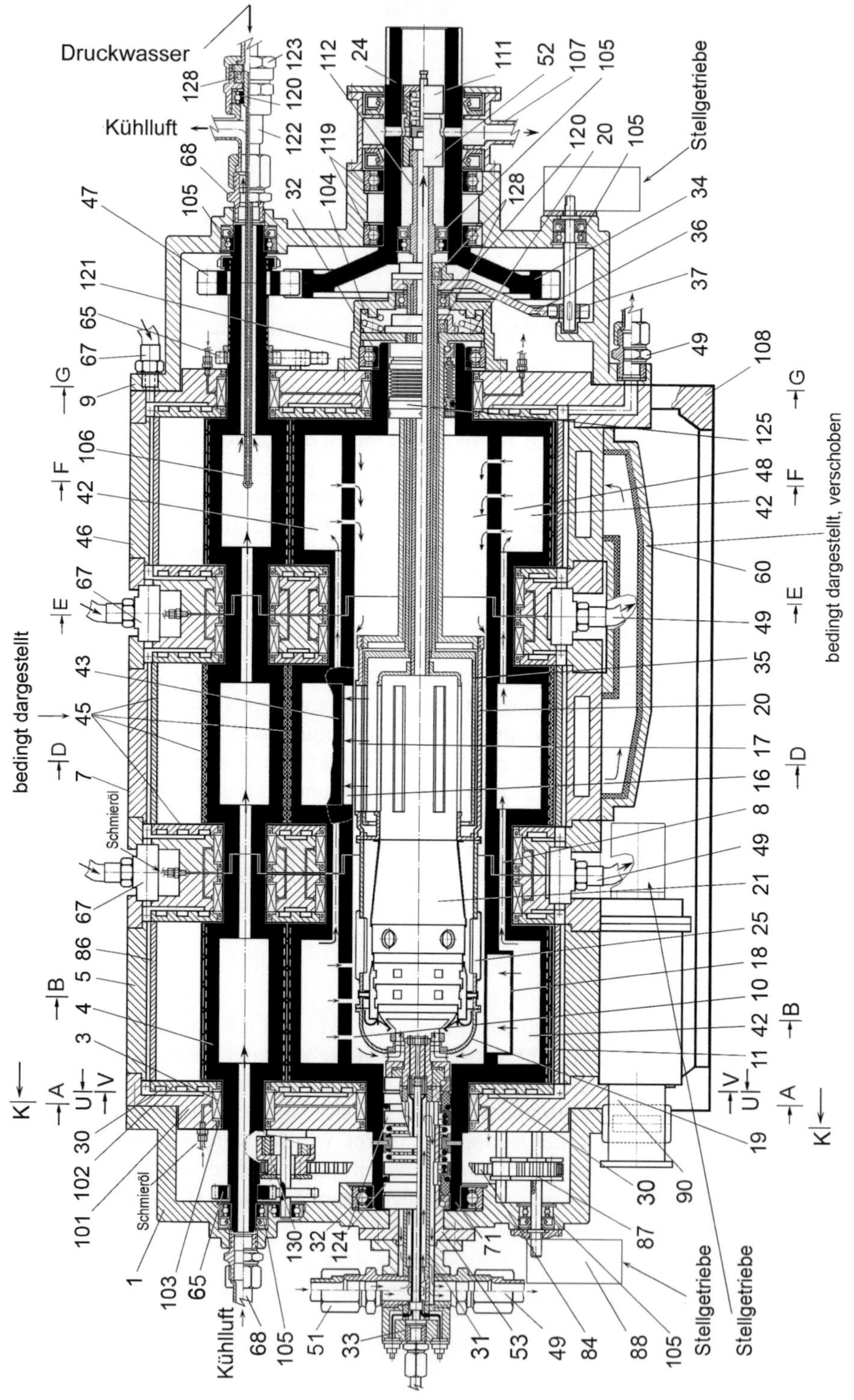

Der Hauptläufer stellt seine Innenräume (42) für die Speicherung der verdichteten Luft sowie für das Brennrohr (19) frei, das die Brennkammer (21) umfasst und mittels Verbindungsrohr (53) unbeweglich auf dem Gehäuse installiert ist. Er dient auch als Verbindungs- und Synchronisationsstück für die Nebenläufer. Die gemeinsame Drehung der Rotoren und der optimale Dichtkontakt zwischen Hauptläufer und Nebenläufern sind durch das Durchmesserverhältnis 3:1 und eine Übersetzung der länglichen Zahnverbindung des Hauptläufers mit den Nebenläufern von 3:1 erreicht. Dabei rotiert jeder Nebenläufer mit der dreifachen Drehzahl gegenüber dem Hauptläufer.
Die längliche äußere Zahnverbindung (56) der Läufer verhindert klebenbleibende Verbrennungsreste sowie Körner an den Kontaktlinien der Läufer und erübrigt das spezielle gemeinsame Synchronisierungsgetriebe für alle Läufer. Die Wellen aller Läufer sind mit Schlitzkupplungen verbunden.

Abbildung 2: Querschnitt B-B durch die Verdichterstufe

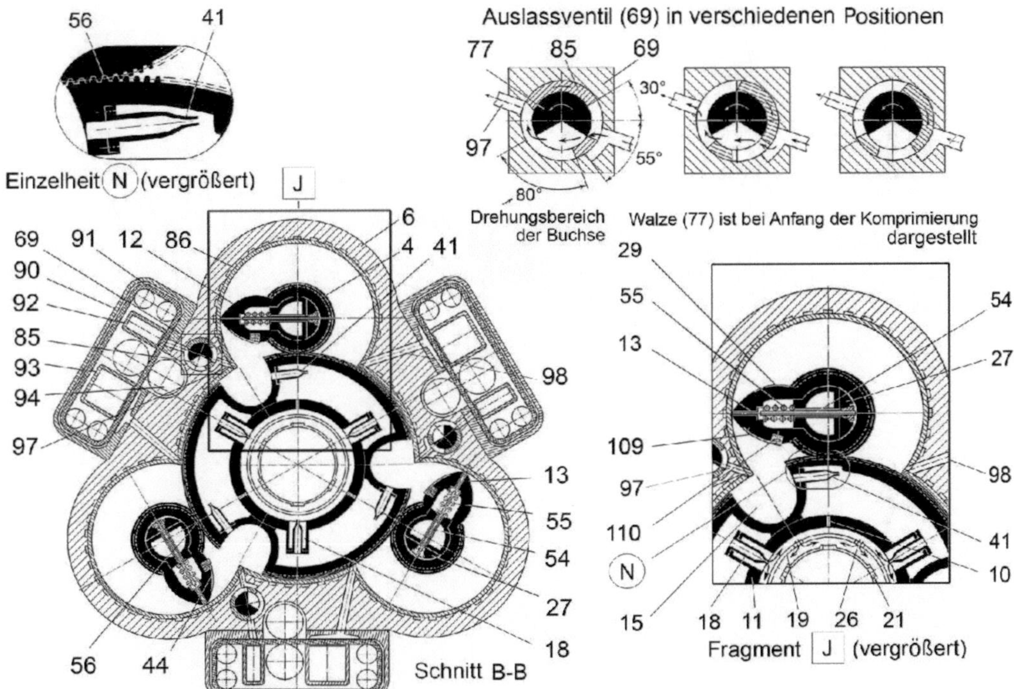

SPEZIFISCHE PROFILE

Die Längsvertiefungen im Hauptläufer (15, 23) sowie die Kämme (12) der Verdichterstufe weisen spezifische Profile auf, die durch die gemeinsame Bewegung der Läufer und Kämme definiert sind. Die Verdrängungskämme der Expansionsteilstufen können einige Abweichungen von den Konturen haben, allerdings nur in Richtung nach innen. Die spezifischen Profile der Längsvertiefungen des Hauptläufers und die Verdrängungskämme des Nebenläufers zeigt Abbildung 3. Die grafische Studie zeigt die Bildungslinien der Profile als Spuren der Vektorenspitzen, die beide Läufer bei ihrer gemeinsamen Bewegung imitieren.
Die grafische Simulation der Lage des Verdrängungskamms (Vektor 2r) bei seiner Drehung mit 6° und des Hauptläufers (Vektor 3r) mit 2° zeigt die mit fließender Linie verbundenen Punkte einer Annäherung der Profilvertiefung und des Kamms.

Abbildung 3: Spezifische Profile des Kamms und der Vertiefung des Hauptläufers

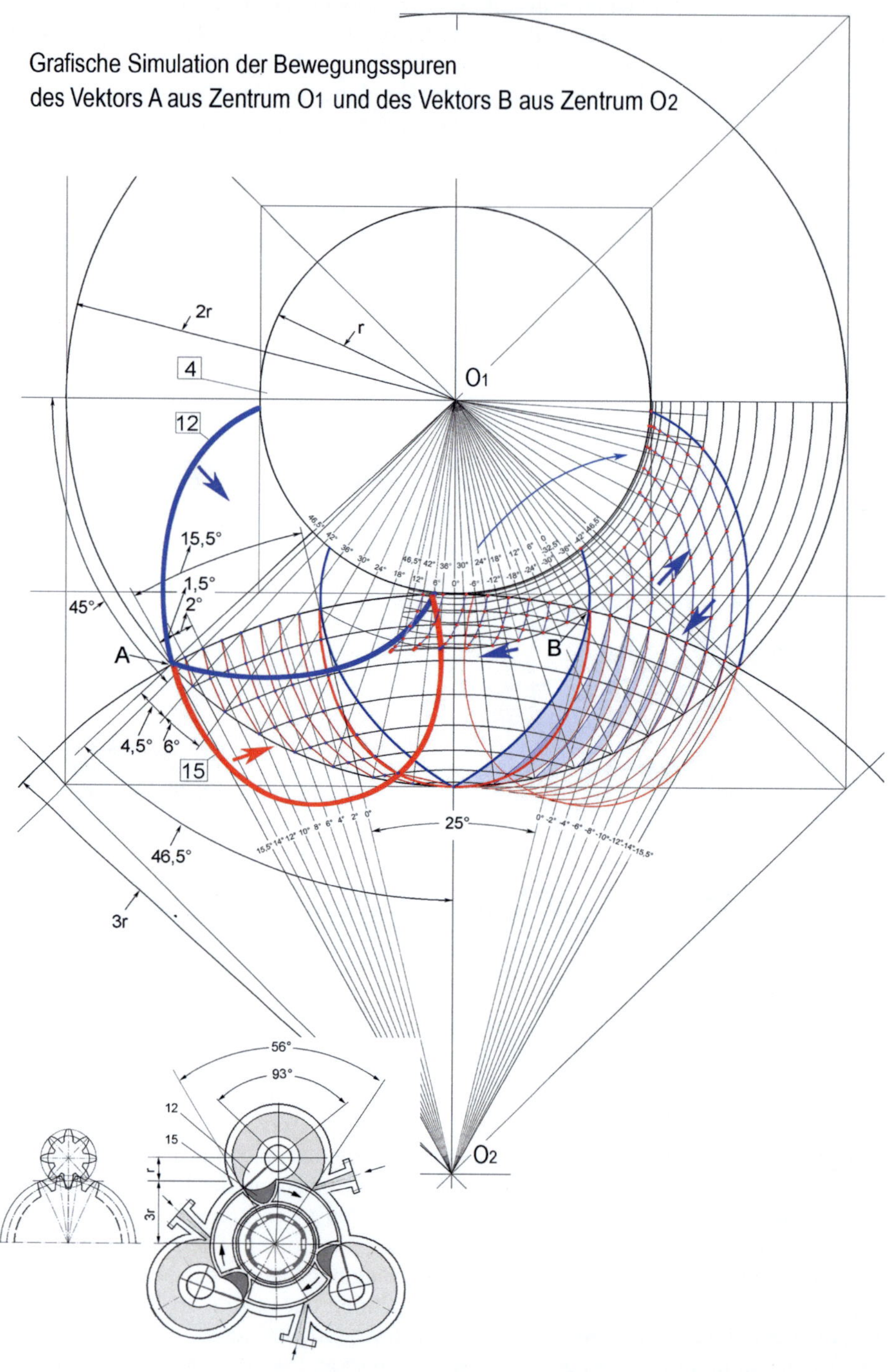

Die Drehungen um 6° und 2° entsprechen dem Verhältnis der Winkelgeschwindigkeiten des Läufers. Die Grafik dient als Anschauungsmaterial.

Theoretische Profile mit beliebiger Annäherung definiert man mit Computerberechnungen unter Anwendung der mathematischen Methode der Vektoralgebra. Praktisch kann die in folgender Abbildung dargestellte Methode angewendet werden.

Abbildung 4: Vorrichtung für die Herstellung der Schablonen

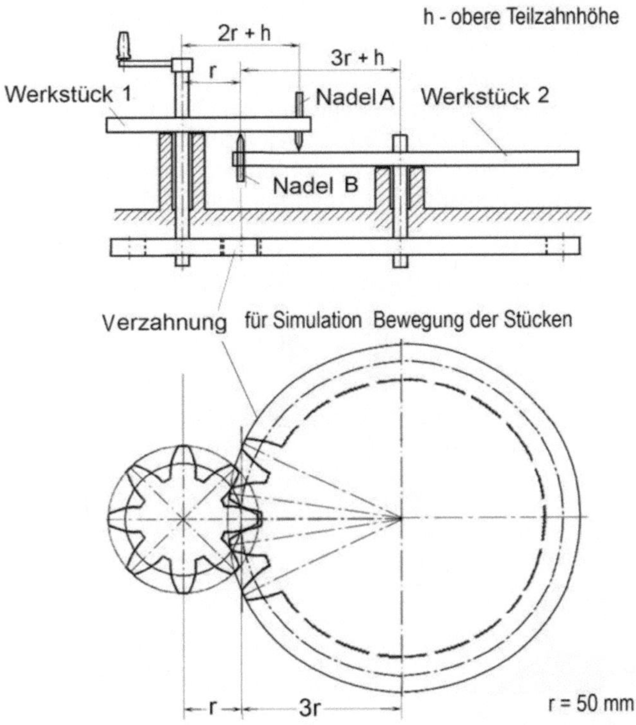

Die Schablonen können für die spezifischen Profile der Verdrängungskämme der Nebenrotoren und die Vertiefungen des Hauptrotors verwendet werden.

FÖRDERSTROM

Die Verdichterstufe (5) hat drei längliche Ansaugöffnungen mit Ansaugkanälen (98) für den Lufteintritt sowie drei Luftfilteranlagen (90) mit Filterlaufbändern (91) (siehe Abbildung 2), durch die die Luft ohne Unterbrechung in die Arbeitsräume der Verdichterstufe angesaugt und dabei filtriert wird. In der Verdichterstufe komprimieren die Kämme die angesaugte Luft und verdrängen sie in das Innere des Hauptläufers. Aus den Speicherräumen (42) des gleichmäßig rotierenden Hauptläufers fließt permanent verdichtete Luft durch die Klappen (18) und Öffnungen (26) der Speicherräume in das unbewegliche Brennrohr (19) mit der Brennkammer (21) im Inneren. In der Brennkammer wird der Luft die Wärme des ständig brennenden Kraftstoffs zugeführt und das Gas, das während des kontinuierlichen Brennprozesses entsteht, vom Brennrohr in den Arbeitsräumen der Expansionsvorstufe verteilt. Dort versetzt das Gas durch die Verdrängungskämme bei seiner Expansion die Nebenläufer in Drehung. Nach der Expansion in der Expansionsvorstufe fließt das Gas durch die äußeren Gasleitungen (60) in die Expansionsendstufe und wird hier endgültig abgearbeitet. In den Expansionsteilstufen erfüllen die Kämme Expansionsarbeit des Gases und treiben unmittelbar die eigenen Läufer, die Läufer der

Verdichterstufe sowie durch ein gemeinsames Getriebe (34, 47) die Leistungswelle (24) an. Die Expansionsendstufe (46) hat drei Auslassöffnungen mit Auslasskanälen (59) und Auspuffflanschen (62) (siehe Abbildung 6), durch die das abgearbeitete Gas von den rotierenden Verdrängungskämmen bei ihrer Drehung ständig in das Abgassystem ausgestoßen wird.

EXPANSIONSTEILSTUFEN

Expansionsvor- (7) und Expansionsendstufe (46) sind Teile des gemeinsamen Expansionsraums. Diese Teilung spielt eine wichtige Rolle. Die Expansionsvorstufe hat eine hitzebeständige Abdeckung (45) aller mit heißem Gas in Berührung stehenden Flächen und keine Dichtungen an den laufenden Kämmen – das durch das Laufspiel entweichende Gas wird in der folgenden Stufe abgearbeitet. Die Expansionsendstufe hat Dichtungen, die einen Gasdruckverlust verhindern. Diese Stufe arbeitet mit Gas, dessen Temperatur nach der Expansion in der Vorstufe gesunken ist. Durch diese Verteilung der Expansionsarbeit (sowie mit Einspritzung des Wassers für die Dampferzeugung in der Expansionsendstufe) hält die Maschine den hohen Temperaturbelastungen stand.

Abbildung 5: Querschnitt D-D durch die Expansionsvorstufe

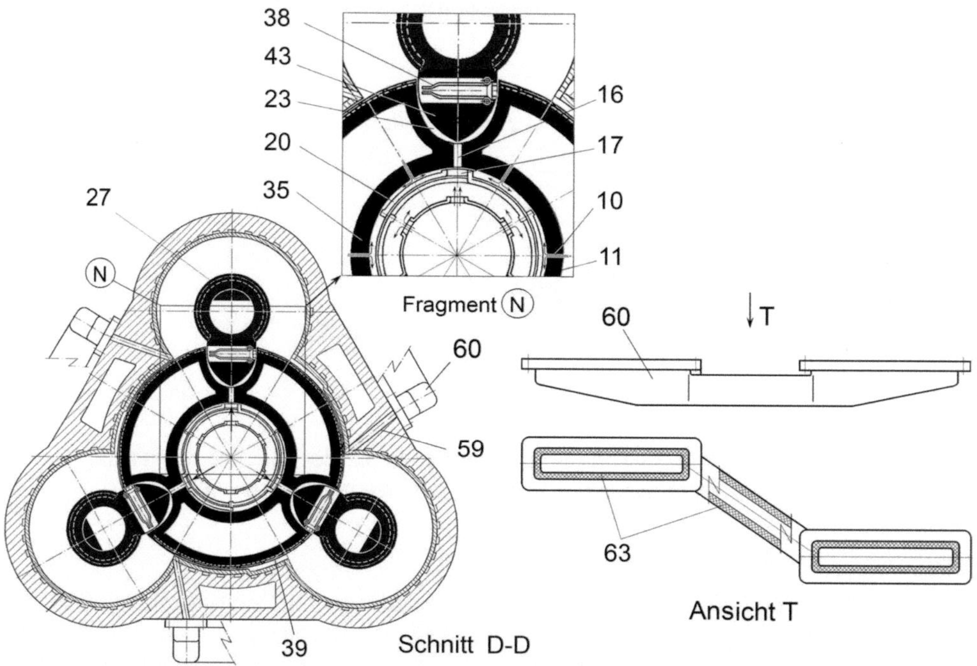

Der zweite Vorteil besteht darin, dass mit dieser Teilung die vom Gasarbeitsdruck ausgehenden Belastungen auf die Körper und Lager der Läuferhälften halbiert werden.
Ein dritter Vorteil ergibt sich daraus, dass diese Teilung einem gleichmäßigen Verlauf des Drehmoments auf der Leistungswelle dient: Die Drehmomente beider Expansionsteilstufen folgen nacheinander und überdecken einander. Deshalb fällt das gemeinsame Drehmoment niemals bedeutend, erst recht nicht bis auf nul.
In den Seitenwänden und der hinteren Stirnwand der Expansionsendstufe (46) sind die Sperrventile (64) bei den Zufuhrkanälen (61) eingerichtet sowie die separaten Getriebe (65, 66) im Rückdeckelraum zur synchronen Drehung der Sperrventilwalzen (64) mit den Nebenläufern (4)

Abbildung 6: Querschnitt F-F durch die Expansionsendstufe

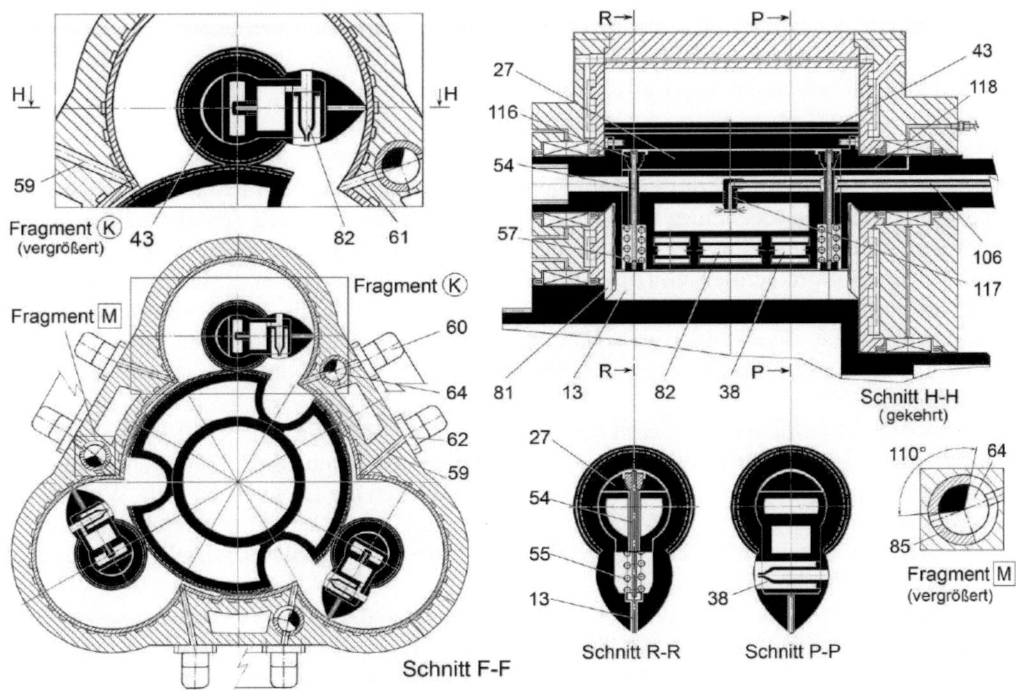

Abbildung 7: Rückdeckel – Ansicht G-G

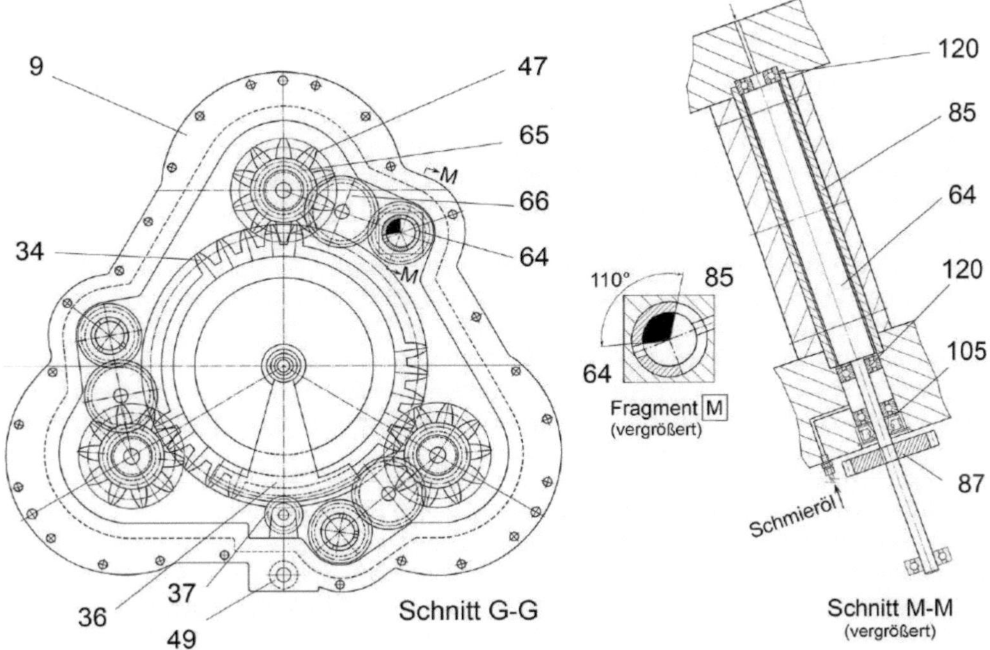

angebracht. Die Sperrventile (64) unterbinden den Verlust des Arbeitsgases aus den Arbeitsräumen der Expansionsvorstufe (7) und der äußeren Gasleitungen (60) für die Zeit, in der die Arbeitsräume der Expansionsendstufe (46) mit dem Auspuffraum verbunden sind, also bis zu dem Moment, wenn die Verdrängungskämme (43) nach Vorbeigehen an den Auslasskanälen (59) erneut in Stellung bei den Einlasskanälen (61) kommen.

DICHTUNGEN

Der Eingriff der Kämme in die Vertiefungen des Hauptläufers in Verdichter- und Expansionsendstufe ergibt eine lückenlose Verdichtungslinie, denn die Dichtung der Verdichtungsräume in diesen Stufen und in den Vertiefungen des Hauptläufers ist durch die länglichen Dichtleisten (13) sowie die Stirndichtleisten (81) der Verdichtungskämme gesichert. Dichtleisten sind an den Spitzen und Stirnseiten der Kämme angebracht und durch die Feder (55) zu den Seitenwänden der Arbeitskammern bei Drehung angepresst. Die Dichtleisten sind von der Öl-Einspritzung geschmiert. Das Öl fließt aus den Öl-Kanälen in den Kämmen zu den Spielen der Dichtleisten.

Bei erhöhten Drehzahlen reduzieren die Gegengewichte (27), die in den Körpern der Nebenläufer eingerichtet und mit Dichtleisten (13) durch die Verbindungssocke (54) verbunden sind, die Anpresskraft der Feder. Bei großen Drehzahlen werden die Dichtleisten trotz Wirkung der Feder durch Gegengewichte zurück in die Kämme eingezogen, um einen starken Bremseffekt durch Reibung abzuwenden. Die Gasverluste bei großen Drehzahlen sind relativ geringer als bei kleinen Drehzahlen.

Die Dichtung der Vertiefungsräume (15) in der Verdichterstufe nach Unterbrechung des Dichtkontakts in der äußeren Verzahnung (56) zwischen Haupt- und Nebenläufern (wenn die Kämme schon die Vertiefungen überstreichen) werden durch die gefederten Dichtlamellen (109) erfühlt, die über die ganze Länge auf den Kämmen angebracht sind.

Um einem Bremseffekt durch Druckgefälle bei der Arbeit der Kraftmaschine mit kleinen Leistungen vorzubeugen (in diesem Fall übersteigt der verfügbare Ausdehnungsraum den notwendigen), sind in den Verdrängungskämmen (43) der Expansionsendstufe (46) die Ausgleichklappen (38) zum Auspuffraum eingerichtet.

EINLASSKLAPPEN, SPEICHERRAUM

In den Längsvertiefungen (15) der Verdichterstufe (5) sind am oberen Rand die Einlassdruckklappen (41) als biegeweiche längliche Lamellen angebracht (Abbildungen 4, 6). Die Lamellen sind in den Schächten untergebracht, die zwecks Abdichtung der Klappe in gesperrtem Zustand an der Stirnwand die Angüsse mit Konturensesseln für die Lamelle hat. Alle Druck- und Ausgleichsklappen der Drehkolbenkraftmaschine, darunter die Ausgleichsklappen (38) bei den Verdrängungskämmen in beiden Expansionsteilstufen, sind ähnlich gebildet.

Die Einlassdruckklappen (41) lassen die in der Verdichterstufe und den Vertiefungen (15) komprimierte Luft in den Speicherraum des Hauptläufers. Sie öffnen sich dann, wenn der Komprimierungsdruck den Druck des Speicherraums erreicht. Als Speicherraum dienen alle miteinander kommunizierenden Innenräume (42) des Hauptrotors, Brennrohr (19) und Brennkammer (21) inklusive. Damit wird der Arbeitsdruck in den Speicherräumen sowie in Brennrohr und Brennkammer geglättet und damit die Voraussetzungen für die Kontinuität des Brennprozesses und die darauffolgende Expansionsarbeit gebildet.

Der Speicherraum hat weitere drei Austrittsdruckklappen (18) für den Einlass der komprimierten Luft in den Brennraum sowie kalibrierte Öffnungen (10) für die Bildung der Grenzschicht aus der eintretenden kalten Luft an den Wänden des Hauptläufers.

Berechnungen zufolge beträgt das Gesamtvolumen aller Luftportionen bei jeder Umdrehung der Verdrängungskämme (12) in der Verdichtungsstufe nach Komprimierung (also vor Eintritt in den gesamten Speicherraum) etwa 6–10 % des gesamten Speicherraums. Auch der Eintritt der komprimierten Luft erfolgt gleichzeitig mit der Einleitung des Gases in die Expansionsvorstufe, sodass die Druckfluktuation in der Brennkammer auf allen Arbeitsregimes 15 % nicht übersteigt (siehe Teil III „Thermodynamische Grundlagen“) Das sichert die Stabilität der Flamme und unterstützt den Arbeitsprozess.

BRENNROHR

Das Brennrohr (19) ist fest durch das Verbindungsrohr (53) mit dem Gehäuse verbunden. Es verteilt das Gas in der Arbeitskammer der Expansionsvorstufe (7), dient also als Steuerungsorgan und als Schutzbarriere vor Wärmestrahlungen aus der Brennkammer. Das Brennrohr wird permanent mit komprimierter, aus dem Speicherraum einströmender Luft gekühlt, sodass ein Wärmeverlust nach außen verhindert wird. Das wirkt bekanntermaßen positiv auf den Wirkungsgrad.

Bas Brennrohr ist zweiteilig aus einem unbeweglichen (20) und einem beweglichen Teil (35) aufgebaut, die zusammen die steuerbaren Auslassöffnungen des Brennrohrs (17) (siehe Abbildungen 5, 8) bilden. Ein Stellgetriebe aus Zahnradsegment (36) und Zahnradgetriebe (37) reguliert durch Verstellung des beweglichen Teils des Brennrohrs (35) bezüglich des Brennrohrteils (20) die Auslassöffnungen (17) und steuert damit die Ausgabe des Gases in die Expansionsvorstufe. Das Stellgetriebe wird von einer Automatik gesteuert, die Drucksensorsignale des Auspuffsystems nutzt, um die vollständige Ausdehnung des Gases zu gewährleisten (Rückkopplung zum Auspuffraum).

EINLASSROHR, BRENNKAMMER

Durch das Einlassrohr (31) sind die Kraftstoff- und/oder Brenngas-Leitungen sowie elektrische Kabel zu Zünd- (132) und Ionisationselektroden (131) des Brennkopfs verlegt.

Das Einlassrohr (31) und die Hauptrotorwelle (71) sind mit zwei Gleitringdichtungen (124) vor Wärme und Druck aus dem Brennraum geschützt und mit flüssigem Kühlmittel zwischen den beiden Gleitringdichtungen gekühlt.

Abbildung 8: Einlassrohr, Verbindungsrohr und Brennrohr mit Brennkammer

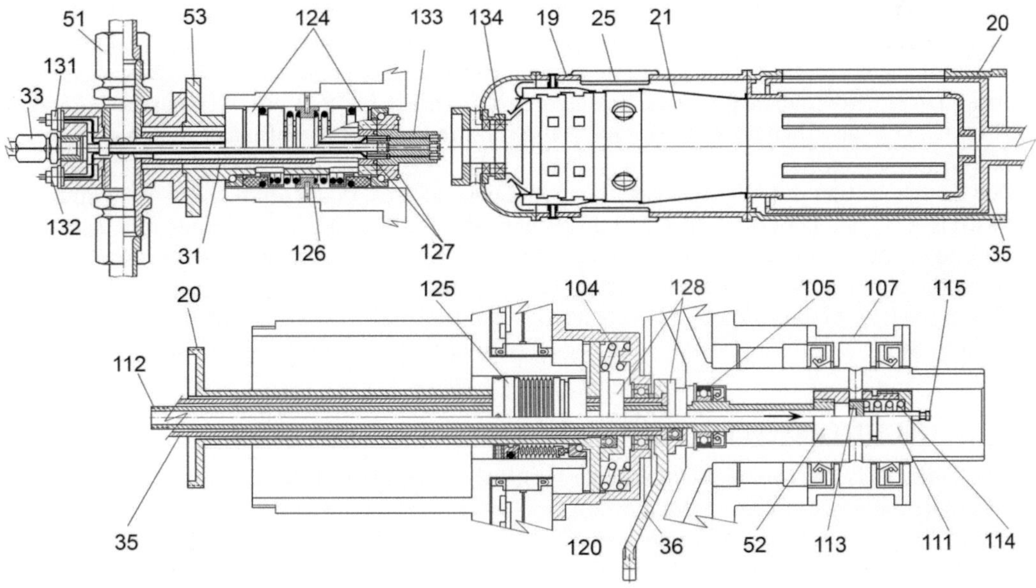

Die verdichtete Luft für das Kraftstoffbrennen gelangt von vorn in die Brennkammer und wird von einem Luftleitgitter (134) gerichtet und gewirbelt. Die dem Gasgemisch beizumischende Luft kommt von allen Seiten nach Kühlung des Brennrohrs und gelangt in die Brennkammer durch die Öffnungen, die zum Schutz des Brennrohrs vor der Brennkammerstrahlung mit Schirmen ausgestattet sind.
Daneben tritt komprimierte Luft aus den Speicherräumen in allen Stufen durch die kalibrierten Bohrungen (10) in den Hauptläufer (11) ein, bildet eine Grenzschicht beim Hauptläufer und fließt von allen Richtungen zu den Einlassöffnungen (16) in den Vertiefungen (23) der Expansionsvorstufe (7). Mit der relativ kalten Luft der Grenzschicht werden die Bereiche des Hauptläufers rund um die Einlassöffnungen (16) (siehe Abbildung 5) gekühlt.
Brennkammer (21) und Brennkopf (133) mit Kraftstoffdüse und Zünd- und Ionisationselektroden müssen als Spezialanfertigung bei Firmen mit Erfahrung bestellt werden, z. B. solchen, die für Turbokompressor-Aggregate oder Strahltriebwerke ähnliche Komponenten fertigen.

DICHTUNG DES BRENNRAUMS

Die Abdichtung des Brennraums von der übrigen Konstruktion erfordert spezielle Maßnahmen (siehe Abbildungen 1 und 8). Die beiden beim Verbindungsrohr (53) angewendeten METAX-Gleitringdichtungen Typ B (124) isolieren den Brennraum vom Raum des Vorderdeckels und dichten ihn mit dem flüssigen Kühlmittel, das das Einlassrohr (31) mit Leitungen (33) kühlt.
Am hinteren Ende des unbeweglichen Teils des Brennrohrs (20) ist eine METAX-Metallfaltenbalg-Gleitringdichtung Typ MU angewendet, die den Raum zwischen dem Hauptläufer (11) und dem unbeweglichen Teil des Brennrohrs (20) abdichtet und damit den Raums des Rückdeckels vom Arbeitsgasdruckraum isoliert.
Die METAX-Gleitringdichtungen Typ B haben folgende Einsatzgrenzen: Druck bis 50 *bar*, Temperatur −80 bis +315 *°C,* Gleitgeschwindigkeit bis 25 *m/s.* Die METAX-Metallfaltenbalg-Gleitringdichtung Typ MU haben abweichende Einsatzgrenzen: Druck bis 25 *bar*, Temperatur −50 bis +400 *°C,* Gleitgeschwindigkeit bis 50 *m/s.* In beiden Fällen passen diese Dichtungen zu den Parametern und Arbeitsbedingungen an ihren Einsatzstellen (bei Mitberechnung der Kühlung des Einsatzraums).
Die Hochleistungs-GFT-Radialdichtungen vom Typ 103 dichten den Raum zwischen den Brennrohrteilen (20) (35) und zwischen dem beweglichen Brennrohrteil (35) und der Druckgasleitung (112) ab. Auch bei den Sperrventilen (64) kommen Rillenkugellager und GFT-Radialdichtungen des Typs 103, Letztere auch beim Druckwasserstutzer (124) zur Anwendung. Diese Dichtungen haben folgende Einsatzgrenzen: Druck bis 500 bar, Temperatur −250 bis +316 °C, Gleitgeschwindigkeit bis 5 m/s, sind für ihre vorgesehenen Einsatzstellen also geeignet.
Zur Kompensation der Wärmeausdehnungen des Gehäuses, des Verbindungs- (53) und Einlassrohrs (31) und unbeweglicher Teil des Brennrohrs (20) ist eine Vorrichtung im Rückdeckel (9) eingerichtet. Dort gewährleisten die Federn zur Kompensation der Wärmeausdehnungen (104), die in einem Ansatz zur Stirnwand (121) angebracht sind, das Anpressen des Brennrohrs (20) an das Verbindungsrohr (53). So werden die O-Ringe (127) aus Sintermetall zwischen Einlassrohr (31), Verbindungsrohr (35) und Brennrohr (19) mit dem Arbeitsdruck (bis 22 *bar*) angepresst.

DRUCKSCHUTZKLAPPE

Eine in der Leistungswelle (24) platzierte Druckschutzklappe (52) beugt der Gefahr des Überdrucks im Brennraum vor, indem ein Teil des Gases durch eine Gasleitung (112) in die Atmosphäre ausgelassen wird. Bei Ansprechen der Druckschutzklappe (52) gelangt das Überdruckgas durch die Bohrungen in der Leistungswelle in die Gasabfasshaube (107) und wird mit dann geringem Druck in das Abgassystem abgeführt.

LAGERUNG

Alle Läufer drehen sich in den Nadellagern mit Borden und Innenringen, die in den Zwischenwänden der Stufen eingerichtet sind. Sie sind durch die Öl-Kanäle mit Schmieröl versehen und mit GFT-Dichtungen abgedichtet (siehe Abbildung 1).
Die Anwendung der FINDLING-Nadellager und GFT-Dichtungen ist bei Rotorwellen in allen Stufen durch extreme Arbeitsbedingungen und hohe Anforderungen definiert, hier Drücke bis 22 *bar*, Temperaturen (bei Kühlung mit flüssigem Mittel) bis 300 *°C*, Drehzahlen am Nebenläufer bis 15 000 *1/min*, am Hauptläufer bis 5555 *1/min*, dynamische Tragwerte bei Schmierung bis 35 000 *N*). Diese Limitierungen für die Standfestigkeit der Nadellager mit Borden und Innenringen in der Kombination mit Dichtungen aus federelastischem PTFE-Stoff mit Edelstahl können die Firmen FINDLING und GFT wahrscheinlich einhalten.
Die Flüssigkeitskühl- und Schmierölsysteme müssen die oben genannten Temperaturbegrenzungen ebenfalls gewährleisten. Bei Vorder- und Rückdeckeln sind die Läufer mit Rillenkugellagern versehen, die die Nadellager von Axialkräften entlasten.

KÜHLSYSTEME

Für alle Nadellager mit Dichtungen, das Einlassrohr und Teile des Hauptrotors sowie die inneren Wände der Arbeitskammer der Verdichter- und Expansionsteilstufen existiert ein gemeinsames Kühlsystem mit flüssigem Medium. Die Stirnwände aller Stufen sind dafür zweiteilig aufgebaut: die Stirnwände selbst (101) und die Auflage-Teile (102) mit Labyrinth-Kanälen (30) für das flüssige Kühlmittel (siehe Abbildungen 1, 3, 4, 5 und 6). Entsprechend sind die Einlass- (67) und Auslassstutzen (49) für flüssige Mittel eingerichtet. Die Seitenwände sind ebenfalls zweiteilig aufgebaut: die Seitenwand selbst (5) (siehe Abbildung 1) mit länglichen Kanälen und eine Hülse (86) mit der gehärteten Innenfläche, die von den Verdrängungskämmen bei ihrer Drehung überstrichen wird.

Abbildung 9: Querschnitte U-U und V-V durch die Zwischenwand mit Labyrinthkanälen

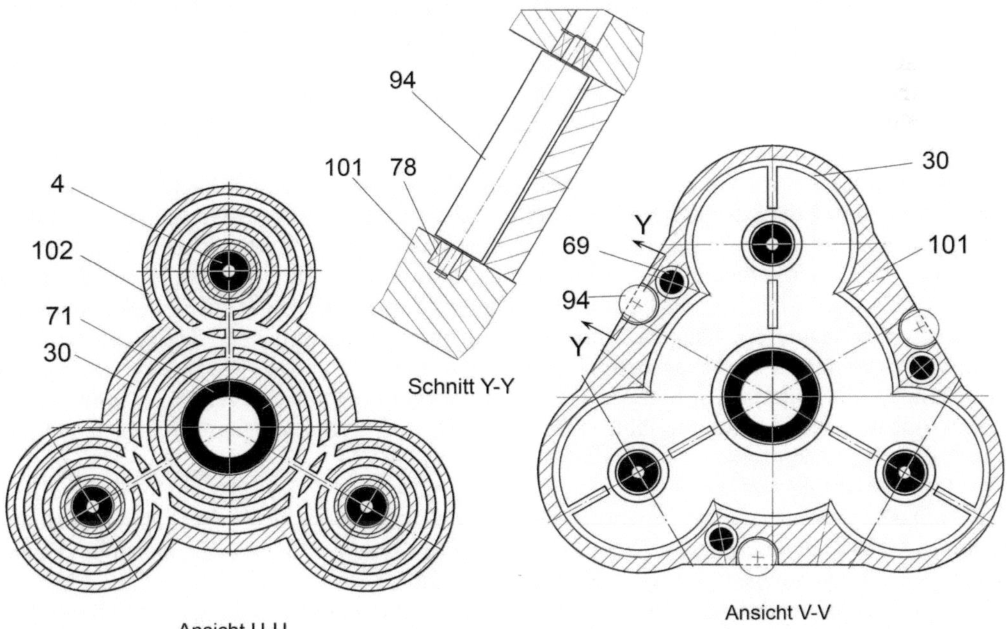

Dabei sind die Seitenwände mit Zwischenwänden verstärkt und robusten dreieckigen Gestellen vereinigt, die die Stufengehäuse bilden. Die verdickten seitlichen Wände ermöglichen es, die

länglichen Ansaug- (98) und Ausstoßkanäle (97) sowie die Auslassventile (69) der Verdichterstufe, oder die Zufuhr- (61) und Auslasskanäle (59) sowie die Sperrventile (64) der Expansionsendstufe für Luft oder Gas einzurichten (siehe Abbildungen 4 – 7). Nach außen bilden die Stufen die Plattformen entweder für die Luftfilteranlage (90) der Verdichterstufe oder für die äußeren Gasleitungen (60) und Auspuffflansche (62).
Das Innere der Nebenrotoren wird mit Luft gekühlt, die durch die Kühlluftstutzen (68) den Wellen der Nebenläufer zugeführt wird. Die Expansionsendstufe (46) wird zusätzlich mittels Wassereinspritzung bei Anschalten des Dampf-Gas-Zyklus durch die Druckwasseranlage gekühlt.

DAMPF-GAS-ZYKLUS

Die Wirkungsrade können gesteigert werden, indem die restliche Energie des Gases vor dem Auspuff ausgewertet wird. Für die dreistufige Drehkolbenkraftmaschine liegt die Gastemperatur im Bereich 530–1080 *°K* (257–807 *°C*), in Abhängigkeit der vom Operator definierten Arbeitsprozesstemperatur in der Brennkammer, die zwischen 973 und 1573 *°K* (700–1300 *°C*) liegen kann.
Üblicherweise werden Wärmemaschinen dazu mit Einrichtungen ergänzt, die den sogenannten Gas-Dampf-Zyklus verwirklichen. Dabei wird Dampf erzeugende Flüssigkeit verwendet und die Eigenschaft des Dampfs, Wärme von Abgasen und Konstruktion abzuziehen und mit gemeinsamem Förderstrom den Verdrängungsprozess zu verlängern, genutzt.
Die Drehkolbenkraftmaschine erfüllt die **Voraussetzungen,** den Gas-Dampf-Zyklus zu verwirklichen. Auf allen Regimes, vom Maximalregime abgesehen, verfügt sie über einen überschüssigen Ausdehnungsraum in der Endexpansionsstufe, der für die Ausdehnung des Gas-Dampf-Gemischs genutzt werden kann. Sie hat auch zur Dampferzeugung geeignete freie Innenräume in den Nebenläufern unter hoher Temperaturbelastung, wenn dort Wasser eingespritzt wird. Dafür ist die Drehkolbenkraftmaschine mit Vorrichtungen für die Einspritzung von Wasser und für die Dampfbildung sowie mit Einlassdruckklappen für Dampf in den Verdrängungskämmen der Expansionsendstufe ergänzt. Mit der Dampfbildung durch hohe Temperatur erwirkt die Einspritzung des Wassers eine Kühlung des Läufers und verbessert damit die Wärmebedingungen der Stufe, vor allem für Dichtungen. Die Hauptrolle spielen hier die Einlassklappen (82) (siehe Abbildungen 1 und 6), die allen in der Drehkolbenkraftmaschine eingesetzten Lufteinlassklappen konstruktiv ähnlich und zwischen beiden Ausgleichklappen (38) für Gas eingerichtet sind.
Jede Klappe besteht aus zwei biegeweichen Lamellen und ist in dem Schacht untergebracht, der zwecks Abdichtung der Klappe in gesperrtem Zustand über Angüsse mit Konturensesseln für die Lamelle auf seinen Stirnwänden verfügt. Das Wasser für die Erzeugung des Gas-Dampf-Gemischs wird in die Innenräume der Läufer durch die Stutzen (123) der Druckwasserpumpe mit Regelklappen (nicht gezeigt) sowie die Wasserleitungsröhrchen (106) und Wasserdüsen (117) zugeführt. Die Regelklappen nehmen die Einspritzung entsprechend den in den Arbeitskammern installierten Drucksensorsignalen vor. Die Einlassklappen (82) lassen automatisch den Dampf in die Ausdehnungsräume, wenn der Druck dort unter das Niveau des Dampfdrucks in den Innenräumen der Rotoren fällt. Wenn er trotz Einwirkens des Dampfes unter den Druck im Abgassystem fällt, setzen die Ausgleichklappen ein (38).
Die Besonderheit besteht darin, dass sich die Wasserleitungsröhrchen (106) mit Wasserdüsen (117) mit den Nebenläufern drehen und die Stutzen (123) mit Rillenkugellager (120) und Hochleistungs-GFT-Radialdichtungen Typ 103 angewendet werden. Wie erläutert haben die Hochleistungs-GFT-Dichtungen gewisse Einsatzgrenzen: Druck bis 500 bar, Temperatur −250 bis +316 °C, Gleitgeschwindigkeit bis 5 m/s, die aber mit den Parametern und Arbeitsbedingungen an ihrer Einsatzstelle übereinstimmen.

Alternativ sind hier die Kompaktgleitringdichtungen Typ MGU mit folgenden Einsatzbegrenzungen verwendbar: Druck bis 25 bar, Temperatur −50 bis +250 °C, Gleitgeschwindigkeit bis 35 m/s – passend zu allen Parametern und Arbeitsbedingungen in dieser Einsatzstelle.

Bei der Drehkolbenkraftmaschine kann bei optimalem Zusammenwirken aller Faktoren insgesamt eine Wirkungsgradsteigerung von bis zu 70 % erreicht werden.

STEUERUNG DER ARBEITSGASTEMPERATUR

Die Verdichterstufe ist mit einem System ausgestattet, das eine Steuerung des Luftüberflusses beim Brennen des Kraftstoffs in die Brennkammer ermöglicht. Diese Vorrichtung reguliert die komprimierte Luftmasse, indem entweder alle angesaugte Luft verdichtet und in den Speicherraum geschickt bzw. ein Teil der angesaugten Luft noch vor der Komprimierung aus den Verdichterräumen in die Atmosphäre oder in andere Bedienungssysteme überführt wird. Bei großem Luftüberschuss werden durch heftige Verdünnung des Gases bei der Drehkolbenkraftmaschine ein sehr günstiges Temperaturregime und ein großes Beschleunigungsvermögen erreicht. Die thermodynamischen Wirkungsgrade sind dabei allerdings auf niedrigem Niveau und der Kraftstoffverbrauch ist entsprechend zu hoch.
Wenn der Luftüberschuss verringert wird, steigt die Temperatur des Arbeitsgases und erhöhen sich die ökonomischen Charakteristika, besonders im Dauerbetrieb. Mit einer derartigen Einrichtung kann also nach Bedarf die Gastemperatur verwaltet werden, indem entweder der Luftüberschuss gesenkt und die Regime mit guten wirtschaftlichen Eigenschaften im Nominalbetrieb verwendet oder großer Luftüberschuss beim Start für „direkten Zug“ und günstige Temperaturregime hochgehalten wird.

Abbildung 10: Vorderdeckel – Schnitt K-K

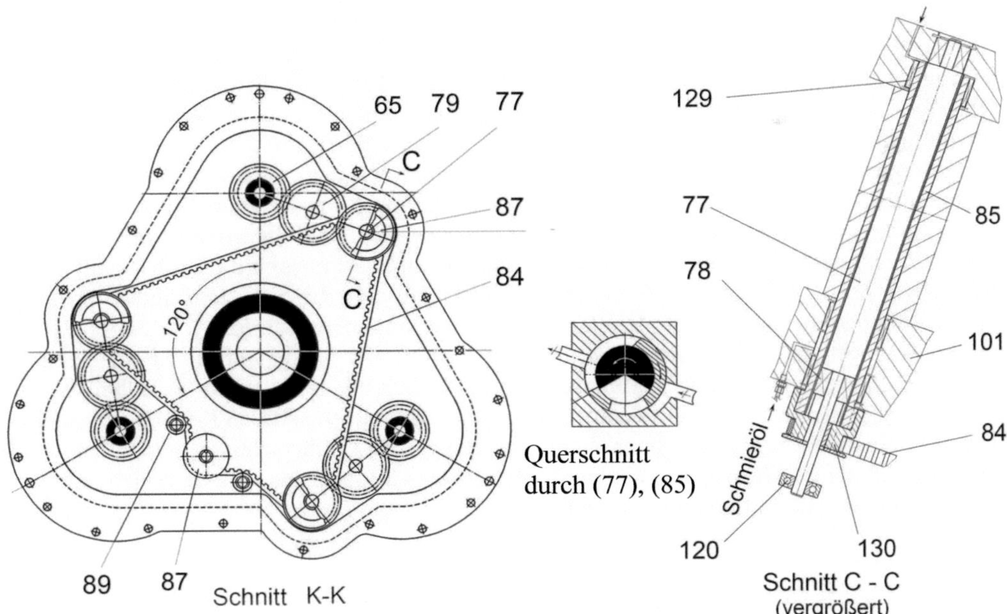

Die Einrichtungen zur Gastemperatursteuerung sind in der vorderen Stirnwand, den Seitenwänden der Verdichterstufe (5) und im Innenraum des Vorderdeckels (1) untergebracht. Dafür werden in den Seitenwänden die drei Auslassöffnungen mit Auslasskanälen (97) und Auslassventilen (69) eingerichtet (siehe Abbildung 4). Beim Vorderdeckel sind die drei Zahnradgetriebe und ein gemeinsames Getriebe mit Synchronriemen (84) sowie ein Stellgetriebe (95) (siehe Abbildung 9) für die Umstellung der Auslassventile (69) installiert. Die Auslassventile (69) bestehen jeweils aus Walzen (77) und Ventilbuchsen (85), die einige Aussparungen über ihre ganze Länge aufweisen, wodurch sie je nach Lage Luft entweder durchgehen lassen oder am Passieren hindern (siehe Abbildung 4).
Die Walzen (77) drehen sich synchron mit den Nebenläufern (4), jeweils von separaten Zahnradgetrieben (65, 79, 87) angetrieben, während die Ventilbuchsen (85) durch den Synchronriemen (84) auf einen Winkel im Bereich von zirka 80° für einen Luftüberschuss umgestellt werden (siehe Abbildung 6).
Mit Änderung dieser Charakteristik zur Minderungsseite verbessert sich die Kette anderer Charakteristika der Drehkolbenkraftmaschine. Die Leistungsausgaben der Verdichterstufe sinken durch Auslassen der nicht komprimierten überflüssigen Luftmassen, thermodynamische Temperaturen und damit Wirkungsgrade erhöhen sich, Kraftstoffverbrauch und Schadstoffemissionen sinken. Wenn aber die anderen Charakteristika wie erhöhte Beschleunigungseigenschaften, Startzugkraft oder ein milderes Wärmeregime, besonders bei experimentellen Prototypen der Maschine, bevorzugt werden, kann auch zu größeren Kompressionsräumen und Luftüberschuss zurückgekehrt werden. Darüber hinaus ersetzt eine solche Kompressorstufe (mit Arbeitsraumsteuerung) mehrere Typengrößen der zur experimentellen Durcharbeitung der Kraftmaschine notwendigen Kompressorstufe.

LUFTFILTERANLAGE

Die Arbeitsraumsteuerung in der Verdichterstufe gewährt die Möglichkeit, die ausgestoßene Luft zur Reinigung der Filterelemente zu verwenden, und zwar parallel mit der Filtration der Ansaugluft in der gemeinsamen Filteranlage. Die jeweiligen Filterelemente können dabei als Schleifen- unendliche Laufbänder eingerichtet und von einem Stellgetriebe mit variabler Geschwindigkeit durch die Filtereinrichtungen geschoben werden. Ein Laufbandabschnitt realisiert dann die Filtration der Ansaugluft, ein benachbarter Bereich parallel die Spülung des Laufbands, sodass der Schmutz in die Umgebung ausgeblasen werden kann. Solch ein Luftfilter wäre eine sehr wichtige Einrichtung der *Dreistufigen Drehkolbenkraftmaschine mit kontinuierlichem Brennprozess*, die ihre Anwendung in schmutziger Atmosphäre (Staub, Sand, Brennreste usw.), z. B. im Bergbau, bei Fahrzeugen oder Hubschraubern, in der Landwirtschaft, in Sandwüsten oder bei technologischen Katastrophen, ermöglichen würde.
Voraussetzungen dafür sind vorhanden, denn die Komprimierung der ganzen Menge der angesaugten Luft ist bei Drehkolbenkraftmaschinen nur kurzfristig erforderlich (z. B. bei Extrabeschleunigung oder für sehr milde Temperaturregime). Bei vielen anderen Regimes, einschließlich des dauernden Nominalregimes, liegt ein geringerer Luftüberschuss vor. Üblicherweise wird ein Teil der überflüssig angesaugten Luft aus den Ansaugräumen ausgestoßen und dabei für die Reinigung der Filterbänder ausgenutzt.

Abbildung 11: Luftfilteranlage in den Projektionen mit Schnitten

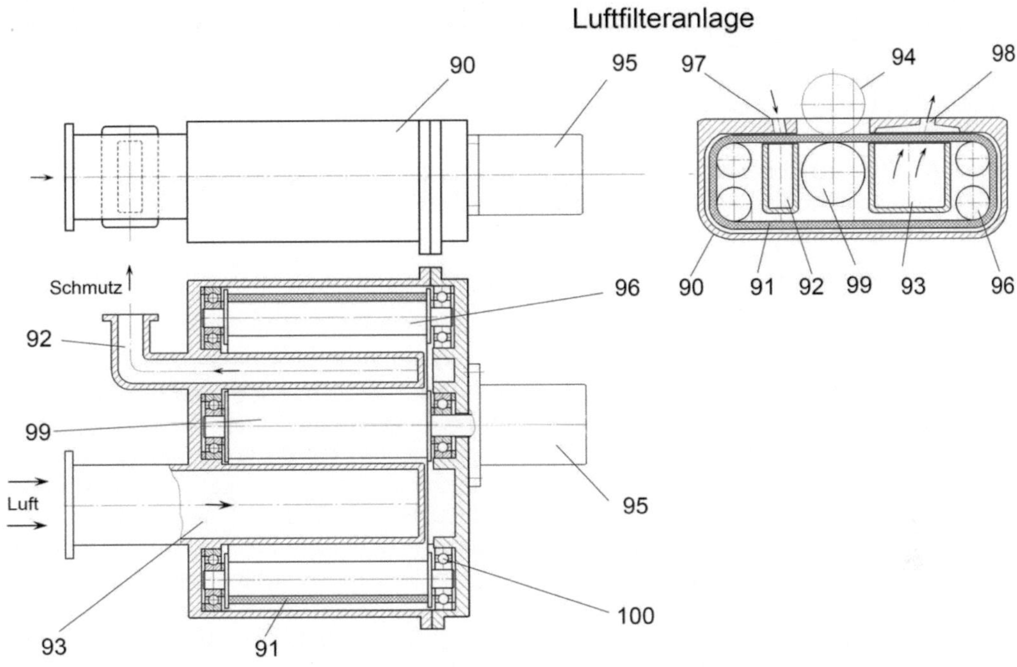

Die Abbildungen 4 und 11 zeigen eine von insgesamt drei auf der Verdichterstufe installierten Filteranlagen. Sie besteht aus einem Filtergehäuse (90), in dem eng zum Einsaug- (98) und Ausstoßkanal (97) des Filtergehäuses ein Filterlaufband (91) auf den vier Spannwalzen (96) eingespannt ist. Das Filterlaufband (91) wird von einer Triebwalze (94) von außen und einer Stutzwalze (99) von innen fließend angetrieben. Ein Stellgetriebe (95) kann die Triebwalze (94) und damit das Filterlaufband (91) mit definierter Geschwindigkeit bewegen. Die Spannwalze (96) sowie die Stutzwalze (99) drehen sich in den Kugellagern (100) des Filtergehäuses. Bei jeder Filteranlage im Inneren des Filterlaufbands (91) sind ein Ansaug- (93) und ein Abfuhransatz (92) eingerichtet, die mit der Atmosphäre durch die äußeren Flansche kommunizieren.
Die drei Filtereinlagen der Verdichterstufe sind entsprechend den drei Arbeitsräumen auf speziellen Plattformen mit Einsaug- (98) und Ausstoßkanälen (97) (Abbildung 2) jeweils für Ansaug- und Ausstoßluft installiert. Jede Filteranlage filtert die Ansaugluft für ihren Arbeitsraum, erhält ihre Spülluft allerdings aus dem benachbarten Arbeitsraum.

MONTAGEPLAN

Die ordentliche Verbindung der Stufen ist auf dem Montageplan (siehe Bau- und Montagepläne, hier nicht gezeigt) dargestellt. Daneben sind die Positionen der Nebenrotoren, wie in der Zeichnung dargestellt, für den gleichmäßigen Drehmomentverlauf auf der Leistungswelle bedeutsam. Zuvor ist in jeder Stufe die ordentliche Einstellung (durch die längliche Verzahnung) der Nebenrotoren mit dem Hauptrotor entsprechend der Zeichnung SPEZIFISCHE PROFILE (siehe Abbildung 3) durchzuführen. Der Montageplan zeigt auch die Positionen der Steuerungssystemelemente der Verdichter- und Expansionsendstufen bei Montage und Justierung.

2 Arbeitsprozess

Bei der *Dreistufigen Drehkolbenkraftmaschine mit kontinuierlichem Brennprozess* verrichten die Stufen und Haupteinheiten folgende Funktionen: Die Verdichterstufe übernimmt das ununterbrochene Ansaugen, die portionsweise Komprimierung und die Zufuhr der Luft in den als Speicher genutzten Innenraum des Hauptrotors. Von hier aus fließt die komprimierte Luft ständig in das Brennrohr mit der Brennkammer (21) im Inneren. Bei ständiger Luftzufuhr finden dort die ununterbrochene Verbrennung des Kraftstoffs, die isobare Ausdehnung des Gases unter Wärmezufuhr und die gesteuerte portionsweise Ausgabe des Gases in die Expansionsvorstufe (7) statt. In der Expansionsvorstufe passiert zuerst eine isobare Expansion, nach Ende des Gaseintritts dann eine polytropische Ausdehnung des eingetretenen Gases. Nach teilweiser Ausdehnung wird das Gas durch die äußeren Gasleitungen (60) in die Expansionsendstufe (46) überführt, wo es sich in verlängertem Arbeitsprozess bis zu atmosphärischem Druck ausdehnt und danach in das Gasabfuhrsystem ausgestoßen wird.

Unter Wirkung des expandierten Gases drehen die Verdrängungskämme der beiden Expansionsteilstufen die Wellen eigener Läufer. Weil alle Läufer der Drehkolbenkraftmaschine mittels äußerer Verzahnung verbunden sind, treiben die Läuferwellen der Expansionsteilstufen die Wellen der Verdichterstufe und – durch ein gemeinsames Getriebe (47), (34) – die Leistungswelle (24) an. Dieser Prozess verläuft ausführlicher beschrieben auf folgende Weise: Durch die Drehung der Nebenläufer verdichten die Verdrängungskämme (12) die kontinuierlich angesaugte Luft portionsweise in den Verdichtungsräumen der Verdichterstufe (5) (siehe Abbildung 4). Der Einlass der verdichteten Luft in den Innenraum (42) des Hauptläufers (11) erfolgt durch die Eintrittsdruckklappen (41) in verschiedenen Phasen der Verdichtung abhängig vom Druck des Arbeitsprozesses in der Brennkammer (21) bzw. im Innenraum des Hauptläufers. Jede Eintrittsdruckklappe (41) öffnet sich genau dann, wenn der Luftdruck in der Verdichtungskammer bzw. in der Längsvertiefung (16) bei Drehung des Verdrängungskamms den Druck im Innenraum des Hauptläufers erreicht bzw. übersteigt. Dabei wird der Verdichtungsprozess im Allgemeinen abgebrochen. Anschließend erfolgt die Verdrängung der verdichteten Luft aus dem Verdichtungsraum bzw. aus der Längsvertiefung in den Innenraum des Hauptläufers gegen den Druck im Innerraum des Hauptläufers. Von hier aus strömt die verdichtete Luft durch die Austrittsdruckklappen (18) und kalibrierten Bohrungen (10) in allen drei Stufen in den Ringspielraum zwischen Hauptläufer und Brennrohr, umspült dabei das Brennrohr allseitig, kühlt es und gelangt von vorn durch die Einlassöffnungen (134) des Brennrohrs in die Brennkammer (21). Teilweise strömt die komprimierte Luft sogar in die Arbeitsräume der Expansionsvorstufe (9) durch die Einlassöffnungen (16) in den Längsvertiefungen (23) des Hauptläufers (siehe Abbildung 5), bildet dabei eine Grenzschicht und kühlt unterwegs den Hauptläufer und Teile des Brennrohrs in diesem Bereich. Dafür sind die Austrittsdruckklappen (18) und die kalibrierten Bohrungen (10) des Hauptrotors so ausgelegt, dass ständiger Überdruck in den Innenräumen des Hauptläufers gegenüber dem Inneren des Brennrohrs und der Brennkammer existiert. So entsteht eine Art Hitzebarriere zwischen Hauptläufer und Brennrohr. Damit erfüllen beide Teile

des Brennrohrs (20) (35) neben der Ein- und Auslasssteuerung der Luft und des Gases auch die Funktion der Wärmeisolation für die restliche Konstruktion.
In der Brennkammer (21) erwärmt sich der Arbeitsstoff, dehnt sich unter Wärmezufuhr aus und strömt durch die gesteuerten Auslassöffnungen (17) (siehe Abbildung 5) des Brennrohrs in die Arbeitsräume der Expansionsvorstufe (7) bei Deckungsgleichheit der Anlassöffnungen von Brennrohr und Hauptrotor. Die Auslassöffnungen (17) des Brennrohrs sind so gesteuert, dass nur eine bestimmte Menge Arbeitsgas beim Vorbeidrehen des Hauptläufers durch die Auslassöffnungen (17) in die Expansionsvorstufe strömt, sodass in der Brennkammer ein den Brennverlauf unterstützendes Druckniveau beibehalten wird.
Auf diese Weise geschieht ein Teil der Gasarbeit in der Expansionsvorstufe bei ständigem Druck des Arbeitsprozesses in der Brennkammer. Danach wird der Gasdruck in der Expansionsvorstufe bei Drehung der Läufer mit Verdrängungskämmen teilweise entspannt und damit teilweise abgearbeitet. Am Austrittskanal (59) der Expansionsvorstufe ist die Temperatur des Gases nach Ausdehnung wesentlich niedriger als bei Antritt. Der Arbeitsdruck in der Brennkammer ändert sich bei angeforderter Leistungsänderung oder bei Änderung des Gegenmoments auf der Welle, denn der kontinuierliche Brennprozess reagiert auf eine erhöhte Belastung der Welle mit einer Druckerhöhung bei Vorhandensein eines Luftüberschusses in der Brennkammer, bis das Gegenmoment überwunden ist. Dabei ist für die Erhaltung der Drehzahlen eine Erhöhung der Treibstoffzufuhr notwendig, was die Erhöhung der Leistung bedeutet. Der Arbeitsdruck ist dabei durch eine Druckschutzklappe (52) begrenzt, die das Überdruckgas bei Ansprechen in das Abgassystem überführt (siehe Abbildungen 1 und 8).
Da die Expansionsvorstufe keine Dichtungen hat, wird ein Teil des Gases durch das Laufspiel der Kämme durchbrochen, geht aber nicht verloren, sondern wird in der folgenden Expansionsendstufe ausgenutzt. Das teilweise in der Expansionsvorstufe abgearbeitete Gas mit geringerer Temperatur strömt durch die äußeren Gasleitungen (60) zur Expansionsendstufe (46), wo das gesamte Gas der ersten und zweiten Motorstufen, Gasleitungen anschließend, endgültig abgearbeitet und in das Abgassystem ausgestoßen wird.
Die erste Motorstufe hört in keinem Augenblick auf, das Drehmoment zu produzieren, denn das gesamte Arbeitsgas dreht den Verdrängungskamm dieser Stufe nach Öffnung der Auslassöffnungen (59) weiter. Das Drehmoment der zweiten Teilstufe ergänzt nach Öffnung der Sperrventile (64) das Drehmoment der ersten Motorstufe.
Die Sperrventile (64) (siehe Abbildung 6) unterbrechen die Verbindung der Gasleitungen (60) zur Expansionsendstufe während des Gasauslasses und darüber hinaus, bis der Dichtwalzkontakt der Nebenläufer mit dem Hauptläufer in dieser Stufe verzahnt ist und die Verdrängungskämme dieser Stufe erneut in die Arbeitsstellung hinter den Sperrventilen (64) kommen. Auf diese Weise wird der Gaseinlass in die Expansionsendstufe mit den Sperrventilen (64) reguliert. Dabei sind die Ventile von einem Getriebe (65, 66) getrieben, das die Walzen der Ventile mit den Wellen der Nebenläufer verbindet und sie synchron bei entsprechenden ordentlichen Verbindungen in der Verzahnung dreht. Die Ventile verhindern den Gasverlust aus dem gemeinsamen Druckraum für die Zeit des Kontaktverlusts in der Zahnverbindung der Läufer in der zweiten Motorstufe vor dem Verschluss des Gas-Dampf-Zyklus und stören seine Arbeit nicht, wenn er sich verschließt.
In der Expansionsendstufe gewährleisten die Dichtleisten (13) (81) an den Verdichtungskämmen (43) die verlustlose Abarbeitung des Arbeitsgases. Als Kriterium für die optimale Ausgabe des Arbeitsgases aus der Brennkammer dient die vollständige Ausdehnung des Arbeitsgases in der Expansionsendstufe (also bis Druck im Abgassystem ist). Die Signale der im Auspuffkollektor und in den Arbeitsräumen der zweiten Motorstufe installierten Sensoren werden von einer Automatik verwendet, um durch den Antrieb (36, 37) die Auslassöffnungen (17) des Brennrohrs zu steuern.

3 Betriebsverhalten und Beschaffenheit

3.1: Die *Dreistufige Drehkolbenkraftmaschine mit kontinuierlichem Brennprozess* zeigt sich als ein **Syntheseprodukt einer Turbine und einer Drehkolbenkraftmaschine mit beachtlichem Synergieeffekt.** Sie vereint in sich die Vorteile der Otto- und Dieselmotoren mit den besten Eigenschaften von Turbinen. In mancher Hinsicht ähnelt sie dem Turbokompressoraggregat (Turbomotor), unterscheidet sich aber auch in wesentlichen Aspekten. Darüber hinaus besitzt die Drehkolbenkraftmaschine eigene hervorragende Eigenschaften, die im Weiteren beschrieben sind.
Ihre Turbineneigenschaften bestehen darin, dass der Förderstrom der Drehkolbenkraftmaschine ähnlich wie beim Turbokompressoraggregat kontinuierlich seine Parameter während seines Laufs durch die Maschine ändert. Beginnend mit ständigem Ansaugen und der Komprimierung der Luft in den Räumen der Verdichterstufe, die eine ähnliche Rolle spielt wie die Kompressorstufe beim Turbokompressoraggregat, strömt das Arbeitsmedium durch die Brennkammer, wo dem Strom Energie zugeführt wird. In den Expansionsstufen, die die gleiche Rolle wie die Turbine im Turbomotor spielen, gibt das Arbeitsgas bei der Ausdehnung den größten Teil seiner Energie an die Rotoren der Kraftmaschine bzw. Leistungswelle ab. Der Unterschied besteht darin, dass anstatt eines aerodynamischen Verfahrens mit der Arbeit der Schaufeln des Kompressors in der Drehkolbenkraftmaschine ein **Kolbenverdrängungsprinzip** ansetzt, das etwa **dreimal ökonomischer** ist als aerodynamische Prozesse. Dank der Anwendung des Kolbenprinzips bei der Komprimierung und darauffolgender Ausdehnungsarbeit wird für dieselbe Leistung ein **dreimal kleinerer Förderstrom** als beim Turbomotor benötigt. Entsprechend kleiner sind die Abmessungen der Arbeitskammern der Drehkolbenkraftmaschine sowie der **Kraftstoffverbrauch** zur Steigerung des Energiestroms in der Brennkammer. Dadurch übertriff die Drehkolbenkraftmaschine zumindest theoretisch beide Gattungen vor allem beim Wirkungsgrad (Verbrauch), den Kennwerten der Leistungsvolumina und ökologischen Kennwerten. Bezüglich der Wirtschaftlichkeit liegen die großen Vorteile der Drehkolbenkraftmaschine in den um ein Vielfaches geringeren Herstellungskosten.

3.2: Die Drehkolbenkraftmaschine mit kontinuierlichem Brennprozess hat auch etliche Nachteile gegenüber dem Turbomotor, deren Auswirkungen durch konstruktive Maßnahmen allerdings minimiert sind. Das Problem besteht darin, dass der Portionscharakter des Kolbenverdrängungsprozesses zur Druckfluktuation des Förderstroms in der Brennkammer führt. Das stört üblicherweise die Kontinuität des Brennprozesses und gefährdet die Flammenstabilität in der Brennkammer. Für die Beseitigung dieses Nachteils ist in Drehkolbenkraftmaschinen ein Druckluftspeicher als Druckdämpfer vorgesehen. Dafür dienen alle Innenräume des Hauptläufers (Brennkammerraum inklusive), die obendrein zur Wärmeisolation des Großteils der Maschine von der Brennkammerwärme beitragen.
Da der Portionsprozess auch in den Expansionsstufen eingesetzt ist, würde die Druckfluktuation hier pro Umdrehung der Nebenrotoren eine Differenz bei Amplitude von Maximum bis Null erreichen (drei Schwingungen pro Umdrehung des Hauptrotors). Um die Druckfluktuation zu glätten, ist der Expansionsraum zweiteilig aufgebaut. Die Drehmomente der Teile überdecken einander, sodass das gemeinsame Drehmoment niemals bis auf Null sinkt. Die Schwingungen sind dabei durch eine größere Frequenz und kleinere Amplitude geformt und damit besser zu vertragen. Die Massenkräfte glätten das Drehmoment endgültig. Varianten mit drei und mehr Teilen der Expansionsstufe sind möglich. Das führt zu einem weiteren Glätten des Drehmomentverlaufs und zur Senkung der Belastung auf Lager und Rotorwalzen, allerdings auf Kosten der Masse.

3.3: Im Unterschied zu traditionellen Kolbenmotoren, Wankelmotoren und allen bekannten Typen der Drehkolbenmotoren, die mit einem Raum für alle Arbeitsprozesse und damit diskontinuierlichem Prozessverlauf funktionieren, erfolgen alle Arbeitsprozesse in der Drehkolbenkraftmaschine parallel und in jeweils exakt definiertem Arbeitsraum. Dadurch entfallen alle anhaltenden oder oszillierenden Teile, sodass die Möglichkeit einer Erhöhung des Schnelllaufs deutlich steigt und der Großteil der Gewichte entfällt.

3.4: Die Umwandlung der Expansionsenergie des Gases in mechanische Energie der Rotation der Wellen erfolgt bei Drehkolbenkraftmaschinen auf einfachste und effektivste Weise, nämlich selbst vom rotierenden Kolben mit konstanter Druckfläche und konstantem Arm. Die so entstehenden Drehmomente auf den Nebenrotorwellen werden durch das gemeinsame Reduziergetriebe auf die Leistungswelle unmittelbar und ohne Verluste, die bei Anwendung verschiedener Umwandlungs- und Behelfsmechanismen entstehen würden, übertragen.

3.5: In den Expansionsstufen der Drehkolbenkraftmaschine mit kontinuierlichem Brennprozess erfolgt der kolbenartige Verdrängungsprozess wie bei herkömmlichen Kolbenmaschinen, allerdings mit vollständiger Ausdehnung des Gases bis zum atmosphärischen Druck oder bis zum erhöhten Gasdruck und der Temperatur für die weitere Anwendung. Im Arbeitstemperaturbereich T_3K = 973–1573 °*K* und einem Druck von 7 bis 22 *bar* sind die höchsten thermodynamischen Nutzgrade η_V = 0,52–0,65 % möglich und entsprechend niedriger Kraftstoffverbrauch erreichbar.

3.6: Da die Konstruktion der Drehkolbenkraftmaschine mit einfachen linienförmigen und zylindrischen Formen ausgebildet ist und ausschließlich aus Arbeitsräumen besteht, erreicht sie einen hohen Kennwert des Leistungsvolumens ($K_L = P / \sum V$). Berechnungen zeigen, dass die Maschine 5 bis 10 Mal leichter als herkömmlichen Verbrennungsmotoren mit ähnlicher Leistung ist, wenn die Anfangserrungenschaften auf der ersten Etappe mit Drehzahlen des Hauptrotors n_H = 3334 min^{-1} (Nebenrotoren n_B = 10 000 min^{-1}) begrenzt werden. Wenn schon während der ersten Etappe die Hälfte der projektierten Drehzahlen erlangt wird, und zwar n_H = 5000 min^{-1} des Hauptrotors (n_B = 15 000 min^{-1} des Nebenrotors), beträgt der Kennwert des Leistungsvolumens $K_L = P_{Wo} / \sum V$ = 3500–3700 kW/m^3. Bei diesem Kennwert wird die Drehkolbenkraftmaschine um einen Faktor 10–15 leichter als herkömmliche Verbrennungsmotoren. Bemerkenswert ist dabei, dass Drehzahlen n = 10 000 min^{-1} für Rennautos mit herkömmlichen Motoren, also diskontinuierlichen Arbeitsprozessen und Kurbeltrieb, üblich sind. Mit der Erlangen der projektierten Drehzahlen n_H = 6666 min^{-1} des Hauptrotors (n_B = 20 000 min^{-1} des Nebenrotors) erreicht der Kennwert des Leistungsvolumens bereits Werte für Turbinen, und zwar K_L = 7000–7500 kW/m^3.

3.7: Die Drehkolbenkraftmaschine hat eine geräumige Brennkammer, die in Relation größer als bei Turbinen ausfällt. Sie ist mit Einrichtungen für das Pulverisieren, Verdampfen und Vermischen des Kraftstoffs mit ständig einfließender komprimierter Luft wie bei Turbinen ausgestattet und hat wie diese einen kontinuierlichen Gasprozess. Das ununterbrochene Brennen des Kraftstoffs in der Brennkammer erfolgt bei obligatorischem Überschuss zugestellter Luft gegenüber der Menge, die für die vollständige Verbrennung des Kraftstoffs notwendig ist. Luftüberschuss $\omega = V_V / V_{min} \geq 1$ ist obligatorisch für jede Variante der Maschine. Er gewährleistet den sicheren Schutz der Expansionsstufen vor Überhitzung und bedingt den schnellen Anlauf und das Beschleunigungsvermögen der Kraftmaschine. Probleme mit unvollständiger Kraftstoffverbrennung existieren nicht. Der Auspuff ist geräuscharm und die Abgase haben einen geringen Schadstoffanteil. Die Ökobelastung ist dadurch minimiert. Anwendbar sind alle flüssigen und gasförmigen Kraftstoffe, Kryokraftstoffe inklusive.

3.8: Die Druckfluktuation in der Brennkammer übersteigt sogar bei Regimes mit kleinem Arbeitsdruck 10 % nicht (siehe Teil III „Thermodynamische Grundlagen"). Das sichert die Stabilität der Flamme und unterstützt den Arbeitsprozess. Bei normalen Arbeitsregimes ist die Druckfluktuation niedriger als 6–10 %, da das gesamte Volumen aller Luftportionen bei jeder Umdrehung der Verdrängungskämme (12) in der Verdichtungsstufe nach Komprimierung bis zum Arbeitsdruck des normalen Arbeitsregimes (also vor seinem Eintritt in gesamten Speicherraum) etwa 6–10 % des gesamten Speicherraums beträgt. Auch der Eintritt der komprimierten Luft erfolgt gleichzeitig mit Vergabe des Gases in die Expansionsvorstufe.

3.9: Projektierung und Optimierung der Drehkraftmaschine sehen einen notorischen, aber flexiblen und steuerbaren Luftüberschuss beim Brennen des Kraftstoffs für den Schutz der Konstruktion gegen unzulässige Temperaturen vor. Es ist ein Mittel, die Gastemperatur im Arbeitsprozess zu steuern. Nachbesserungen beim Kühlsystem und an der gesamten Konstruktion erhöhen die Gastemperatur und damit die Wirkungsgrade nachhaltig und steigern die Wirtschaftlichkeit. Mit einer Steigerung der Drehzahlen und des verwendbaren Arbeitsdrucks wächst die Leistung der Drehkolbenkraftmaschine proportional, wobei Masse und Abmessungen konstant bleiben.

3.10: Bei permanentem Luftüberschuss richtet sich der Arbeitsprozess der Drehkolbenkraftmaschine bei bestimmter Kraftstoffzufuhr sofort automatisch zur Überwinden des Gegenmoments auf der Welle durch Erhöhung des Arbeitsdrucks in der Brennkammer. Aus dieser für die Arbeitsprozesse mit kontinuierlichem Kraftstoffbrennen und notorischem Luftüberschuss charakteristischen Eigenschaft folgt eine wichtige Besonderheit: Die Drehkolbenkraftmaschine hat erhöhte Startzugkraft. Ein Reduziergetriebe ist nicht überall nötig, sodass sie als Maschine mit „direkter Zugkraft" bezeichnet werden kann und bei gezielter Projektierung anstatt des Dieselmotors bevorzugt geeignet für die Schwerindustrie ist (Bulldozer, Schrapper, Lokomotiven, Armeepanzer, Überwasser- oder Unterwasserschiff usw.). Sie kann auch Teil des Triebwerks für einen Hubschrauber, ein Flugzeug mit Senkrechtstart bzw. -Landung, einen fliegenden Jeep, ein Privatflugauto oder ein unbemanntes Flugzeug sein.

3.11: In etlichen speziellen Anwendungen, etwa bei senkrecht startenden kleinen Flugzeugen sowie unbemannten Senkrechtstartern, können die Abgase der Drehkraftmaschine mit hohem restlichen Druck und Temperatur für einen Düsenantrieb zur Lagesteuerung des Flugzeugs während seines Senkrechtflugs genutzt werden, sodass Bedarf an speziellen Energiequellen für ein solches System entfällt. Im Unterschied zur bisherigen Praktik würde beim Vertikalflug weniger Lärm entstehen und besonders der Horizontalflug würde geräuscharm.

ANMERKUNG

In Teil IV ist eine Drehkolbenkraftmaschine für den Einsatz bei zwei Triebwerken in einem kleinen Senkrechtstarter mit 1000 *kg* Abfluggewicht berechnet sowie in den Skizzen des Triebwerks und Flugzeugs illustriert.

3.12: Die Drehkolbenkraftmaschine mit Drehzahlen des Hauptrotors bis $n_H = 6666\ min^{-1}$ und erforderlicher Leistung auf der Leistungswelle passt anstatt des Turboaggregats ausgezeichnet zum Einsatz in den Flugzeugtriebwerken eines Jumbos. Der Einsatz der Drehkolbenkraftmaschine in Flugzeugtriebwerken bringt eine große Rentabilität mit sich angesichts der Einsparungen beim Treibstoffaufwand und bei den Herstellungskosten. Im Unterschied zum Turboaggregat hat die Drehkolbenkraftmaschine viel kürzere Rotoranlauf- und Auslaufzeiten. Kurz nach Anschalten ist sie schon bereit, die volle Leistung abzuliefern. Dadurch werden Kraftstoff und Zeit, z. B. bei der Vorbereitung der Flugzeugtriebwerke, gespart.

3.13: Die Drehkolbenkraftmaschine kann mit beträchtlichen Vorteilen als Mini-Kraftwerk zur Stromerzeugung für Mehrfamilienhäuser eingesetzt werden. Zusammen mit einer Dynamomaschine und einem Biogaserzeuger kann sie zur Stromerzeugung aus Torf-, Bio- und Forstwirtschaftsabfällen oder aus dem Begleitgas einer Ölförderung in einem Wanderkraftwerk angewendet werden.

3.14: Die Drehkolbenkraftmaschine kennzeichnet sich durch große Vielfältigkeit in ihrer Leistungsreihe, im Drehmoment und bei den Drehzahlen aus. Zielgerechte Projektierung bestimmt diese Leistungsmerkmale. Zwar bestehen bestimmte, insbesondere bauliche Begrenzungen, theoretisch stellt die *Drehkolbenkraftmaschine mit kontinuierlichem Brennprozess* aber ein ultimatives Ersatzmittel für alle herkömmlichen Kraftmaschinen dar, um heutige erhöhte ökologische und ökonomische Herausforderungen zu bewältigen.

4 Kundennutzen

Für Verbraucher hat der Einsatz der Drehkolbenkraftmaschine folgende Vorteile:

4.1: Sie bedeutet einen neuen Zustand der Lebensumgebung, d. h. verbesserte Hauptfunktionen und Nutzeigenschaften, erhöhter Komfort und Autonomie für einzelne Verbraucher, z. B. durch erhöhte Flug-/Transportreichweite usw.

4.2: Sie führt zur Erhöhung der Effizienz sowohl im Transport- und Energiewesen als auch in Bereichen der Dienstleistung und Betreuung.

4.3: In diversen Bereichen – Automobilindustrie, Luftfahrt, Schienen- und Schiffsverkehr bis zum Energiemaschinenbau – können entlang der Wertschöpfungskette bei der Herstellung der Kraftmaschinen Kosten reduziert werden dank der einfachen Formen und hohen Kennwerte des Leistungsvolumens von Drehkolbenkraftmaschinen. Die Materialien arbeiten dort bei günstigeren Bedingungen als bei Turbinen oder herkömmlichen Kolbenmotoren. Die Technologien sind einfacher, Arbeits- und Wartungsaufwand günstiger. Auch bei der Bewirtschaftung ist eine preiswerte und umweltfreundliche Wartung möglich.

4.4: Leistungsvolumina oder Leistungsgewichte der Drehkolbenkraftmaschine mit kontinuierlichem Brennprozess haben ebenso hohe Kennwerte wie Turbomotoren, ihre Wirkungsgrade sind aber dreimal größer und ihr Kraftstoffverbrauch dadurch dreimal kleiner. Ökologisch gesehen sind Drehkolbenkraftmaschinen mit kontinuierlichem Brennprozess mehrfach günstiger als alle anderen herkömmlichen Kraftmaschinen – nicht nur wegen ihrer kleineren Abgasmassen, sondern auch durch ihren sterilen Ausstoß und den niedrigen Lärmpegel.

4.5: Gegenüber herkömmlichen Kolben- und Wankelmotoren haben Drehkolbenkraftmaschinen mit kontinuierlichem Brennprozess noch weitere Vorteile. Sie sind 10–20 Mal kleiner bei ähnlicher Leistung, dadurch mehrfach billiger in Herstellung und Bewirtschaftung. Sie können mit beliebigen flüssigen oder gasförmigen Kraftstoffen betrieben werden, haben einen beträchtlich niedrigeren Kraftstoffverbrauch, niedrigere Schadstoffemission und Lärmpegel.

Als Triebwerkstyp hat die *Drehkolbenkraftmaschine mit kontinuierlichem Brennprozess* das Potenzial, alle Bereiche der Volkwirtschaft auf eine neue Qualitätsebene zu hieven. Dafür spricht insbesondere ein Argument: Gegenwärtig werden in der Luftfahrt, in See- und Straßenverkehr, Energiewirtschaft usw. komplizierte und teure Turbinen mit gewaltigem Kraftstoffverbrauch genutzt, was zu einer schnellen Auszehrung der Erdressourcen und in der Folge zu

Verschmutzungen der Atmosphäre, schließlich zur Zerstörung der Ökologie führt. Mit der *Drehkolbenkraftmaschine mit kontinuierlichem Brennprozess* ist nun eine Maschine in greifbarer Nähe, die einfach und billig herzustellen und zu bewirtschaften ist, dabei ähnliche Leistungskennwerte wie Turbomotoren sowie unwiderlegliche Vorteile bei allen Eigenschaften aufweist und damit den Verbrauch von Ressourcen und die Verschmutzung der Umwelt signifikant verringert.

5 Marktpotenzial mit Zahlendarstellung[2]

Durch die Vielzahl an Anwendungsmöglichkeiten und die umweltschonenden und Ressourcen sparenden Eigenschaften ergibt sich ein stark diversifiziertes Marktpotenzial für die *Drehkolbenkraftmaschine mit kontinuierlichem Brennprozess*. Der Einsatz der Drehkolbenkraftmaschine ist vor allem im Bereich der Automobilindustrie, Luft- und Schifffahrt, aber auch in Schienenfahrt, Straßenbau und Bergbau denkbar.
Das größte Marktpotenzial für die Drehkolbenkraftmaschine wird in der Automobilindustrie (Pkw, Lkw) gesehen – und hier nicht nur im Segment „Motoren für Neufahrzeuge“, sondern ebenfalls im Bereich der Nachrüstung. Allgemein wird für den Technologiebereich „Alternative Antriebe, saubere Motoren“ von 2005 bis 2020 ein durchschnittliches jährliches Marktwachstum in Europa von 5 % erwartet (weltweites Marktvolumen für „Nachhaltige Mobilität“ 2005: ca. 180 Mrd. €).[3]
Zurzeit gibt es einen bevorzugten Zielmarkt – sogenannte Range Extender für die Versorgung eines leicht gebauten Elektrofahrzeugs. Daher wäre eine Auslegung der Kraftmaschine bei 30–50 kW vermutlich Vorteil bringend. Zweites aktuelles Einsatzgebiet wäre die Versorgung eines Mehrfamilienhauses mit einem Mini-Blockheizkraftwerk. Daher reicht vermutlich eine Auslegung der Kraftmaschine bei weniger als 30 kW aus.
Für den Bereich Luftfahrt lässt sich allein im Segment „Flugzeuge“ folgende Prognose geben:[4] Bis 2026 wird mit einem weltweiten Bedarf von rund 24 300 neuen Passagier- und Frachtflugzeugen im Wert von insgesamt 2,8 Milliarden US-Dollar gerechnet (Airbus). Damit müssten in diesem Zeitraum jedes Jahr in etwa 1215 Flugzeuge ausgeliefert werden.

Aufgrund der hohen Treibstoffkosten dürften in Zukunft vor allem sparsamere und ökologisch effizientere Flugzeuge gefragt sein. Die größte Nachfrage nach Passagierflugzeugen wird nach Einschätzung von Airbus aus dem asiatisch-pazifischen Raum kommen, auf den rund 31 Prozent des weltweiten Bedarfs an neuen Flugzeugen entfallen sollen. Es folgen Nordamerika mit 27 Prozent und Europa mit 24 Prozent.

6 Experimenteller Prototyp

HAUPTKONZEPTION

Den experimentellen Ausarbeitungen liegt das Prinzip zugrunde, kostensparen und erfolgreich zu arbeiten. Alle nötigen Projektdaten basieren auf thermodynamischen Grundlagen mit Mehrvarianten-Berechnungen und einer Auswahl der für den Anfang der Experimente geeigneten Variante: die Variante mit niedrigen Wärmebelastungen. Dadurch wird die Maschine anfangs

[2] Freundlich vorgestellt von Dipl.-Kffr. techn. Yvonne Siwczyk (Fraunhofer-Institut für Arbeitswirtschaft und Organisation IAO).
[3] Vgl. Bundesministerium für Umwelt, Naturschutz und Reaktorsicherheit: „Umweltpolitische Innovations- und Wachstumsmärkte aus Sicht der Unternehmen“.
[4] Vgl. Gansneder, T., BörseGo AG 2007, 07.02.2008 und Manager-Magazin, 07.02.2008.

keine hohe Effizienz zeigen (hohe Leistungskennwerte und Wirkungsgrade), da sie für die Schaffung sicherer Wärmebedingungen mit hohem Luftüberschuss beim Brennen des Kraftstoffs und mit einem zu starken, wahrscheinlich sogar mit einem überflüssigen Kühlsystem ausgestattet ist.
Bei dem großen Luftüberschuss wird bei der Kraftmaschine ein sehr günstiges Temperaturregime erlangt – durch intensive Verdünnung des Gases mit Luft. Dieser anfänglichen wird die weitere Entwicklung insofern entgegenstehen, als möglichst hohe Temperaturen und Drücke zur Erreichung möglichst hoher Wirkungsgrade sowie Kennwerte der Leistungsvolumina angestrebt werden. Daher wird das Temperaturregime je nach Entwicklungsstand erhöht. Dies ermöglicht es, den experimentellen Prototyp der Maschine wirtschaftlicher und effektiver bis zur Marktreife zu bringen.

VERFAHREN

Die Kraftmaschine besitzt von Anfang an die Fähigkeit, den Luftüberschuss beim Brennprozess mit speziellen Einrichtungen zu steuern und damit die Gastemperatur zu verringern oder zu erhöhen (siehe die Rubrik „STEUERUNG DER TEMPERATUR DES ARBEITSGASES“). Das Steuerungssystem ermöglicht es, den experimentellen Prototyp den Bedürfnissen des Experiments während aller Etappen des Experiments anzupassen, um Schwachstellen der Konstruktion zu ermitteln, Tendenzen zu erforschen und Nachbesserungen des Kühlsystems und der gesamten Konstruktion durchzuführen. Auf diesem Weg lässt sich die Effizienz nachhaltig erhöhen.
Die Verdichterstufe mit ihrer Steuerung des Verdichtungsraums erübrigt die Herstellung diverser Typengrößen von Verdichterstufen und ihre Auswechslung bei den Experimenten. Daneben gewährleistet der Luftüberschuss der Maschine die hohen Start- und Beschleunigungseigenschaften. Die größte Bedeutung des Verfahrens mit Luftüberschuss besteht darin, dass es eine geregelte Kraftstoffverbrennung und damit eine ökologische Nutzung der Drehkolbenkraftmaschinen ermöglicht.

AUSWAHL DER WARIANTE

Die zum Bau des experimentellen Prototyps geeignete Variante der Drehkolbenkraftmaschine hat eine berechneten Leistung $P_W = 100$ *kW* bei Drehzahlen der Rotoren $n_N/n_H = 15\,000/5000$ min^{-1}. Die Auswahl ist dadurch definiert, dass gerade für den Prototyp mit dieser Leistung und Größe die konstruktiven Bestandteile ausschließlich frei erhältlich sein müssen. Für die kleinere und weniger leistungsfähige Variante des Prototyps besteht weniger Auswahl an passenden Elementen (Lager, Dichtungen, Armaturen usw.). Der berechneten Kennwert des Leistungsvolumens bei dieser Variante K_L = ca. 5550 kW/m^3 wäre sehr attraktiv, ist anfangs aber nicht erreichbar, da die dafür nötigen Drehzahlen nur allmählich bei nachhaltigen Verbesserungen der Konstruktion und der Systeme erreicht werden können.

AUSSICHTEN

Absehbar ist schon jetzt, dass die Drehzahlen bei bestehender konstruktiver Auslegung prinzipiell bis $n_N/n_H = 20\,000/6666$ min^{-1} steigen können. Leistung und Leistungsvolumen der Kraftmaschine wären dann $P_W = 150$ *kW* und $K_L = 6554{,}5$ kW/m^3 (siehe Tabelle 3 in den „Thermodynamischen Grundlagen“) – zum Vergleich: bei herkömmlichen Kolbenmotoren $K_L \leq 200$ kW/m^3, bei Turbinen KL = 8000 kW/m^3 (vgl. Dubbel 1990).
Eine wichtige Besonderheit der Drehkolbenkraftmaschine mit kontinuierlichem Arbeits- und Brennprozess besteht darin, dass mit Erhöhung der Drehzahlen und des Arbeitsdrucks sowie der Gastemperatur eine mehrfache Erhöhung der Leistung bei unwesentlicher Änderung der Baumasse der Maschine möglich ist, sodass aus der Maschine mit anfänglicher Projektleistung von 100 *kW* eine mit 300 *kW* entwickelt werden könnte. Mit der Einrichtung zur Steuerung des

Arbeitsgases kann man nach Bedarf entweder den Luftüberschuss senken und die Regime mit hohen wirtschaftlichen Eigenschaften im Nominalbetrieb verwenden oder den Luftüberschuss beim Start – bei „direktem Zug" – und auch die anderen Betriebseigenschaften hochhalten.

VERWERTUNGSKONZEPT

Der Patentinhaber und Autor dieser Monografie ist auf der Suche nach Kooperationspartnern, die ihn finanziell und bei Gutachten unterstützen. Des Weiteren müssten experimentelle Versuche und der Bau eines Prototyps vorangetrieben werden, wozu ebenfalls Kooperationspartner gesucht werden. Im Rahmen einer Verwertungsvereinbarung ist eine Lizenzvergabe geplant. Die Lizenzvereinbarungen müssen die finanzielle und rechtliche Unterstützung bei internationaler Patentierung (**PCT**) einschließen.
Das vom Autor schon ausgearbeitete technische Projekt „KONSTRUKTION MAßGENAU" zeigt den GENERALPLAN der *Drehkolbenkraftmaschine mit kontinuierlichem Brennprozess* mit einer Projektleistung von 100 kW in experimenteller Variante. Dem GENERALPLAN folgt dem HAUPTGLIEDERUNGSPLAN, in dem sieben Baugruppen aus frei erhältlichen, nach gängigen Standards (DIN) gefertigten Teilen aufgeführt sind. Jede Baugruppe bekam eine sogenannte „SPRENGZEICHNUNG" – eine getrennte Darstellung aller Teile mit Abmessungen und in der Reihenfolge der Montage der Baugruppe. Die ordentliche Verbindung der Stufen miteinander ist auf dem MONTAGEPLAN dargestellt.

Einzeln sind die HILFSSYSTEME beschrieben und schematisch dargestellt. Eines von ihnen ist das Brennstoffsystem für Gas-, Brennöl und Mischbetrieb, die beiden anderen sind das Schmier- und Kraftölsystem sowie das Flüssigkeitskühlsystem.

Das Arbeitsprojekt – abgesehen von den technologischen Anweisungen zur Herstellung – des experimentellen Prototyps und die Programme der Experimente können vom Autor in kurzer Zeit nach Lizenzvereinbarungen erstellt werden.

BEZUGSZEICHENLISTE

1 Vorderdeckel
2 Synchronisierungsgetriebe
3 Gleitlager
4 Nebenläufer
5 Verdichterstufe
6 *nicht belegt*
7 Expansionsvorstufe
8 Ausgleichkanäle
9 Rückdeckel
10 kalibrierte Auslassöffnung
11 Hauptläufer
12 Verdrängungskamm
13 längliche Dichtleiste
14 Flansch
15 *nicht belegt*
16 Längsvertiefung
17 Auslassöffnung des Brennrohrs
18 Austrittsdruckklappe
19 Brennrohr
20 unbeweglicher Teil des Brennrohrs
21 Brennkammer
22 Gehäuse

23 Längsvertiefung
23 Leistungswelle
24 Einlassöffnung
25 Einlassöffnung
26 Ausgleichgewicht
27 Gleitringdichtung
28 Schlitz
29 Ringkanäle
30 Einlassrohr
31 Rillenkugellager
32 Kraftstoff- oder Druckgasleitungen
33 Getriebe
34 beweglicher Teil des Brennrohrs
35 Zahnradsegment
36 Zahngetriebe
37 Ausgleichklappe
39 Umleitöffnung
40 Vertiefung
41 Eintrittsdruckklappe
42 Innenraum des Hauptläufers
43 Verdrängungskamm
44 Dichtleiste
45 hitzebeständige Schichten
46 Endexpansionsstufe
47 Ritzel
48 leerer Raum
49 Auslassstutzen
50 Gleitlager
51 Einlassstutzen
52 Druckschutzklappe
53 Verbindungsrohr
54 Verbindungsstock
55 Triebrad
56 äußere Verzahnungen
57 Feder
58 Ausgleichgewicht
59 Austrittskanal
60 äußere Gasleitungen
61 Zufuhrkanal
62 Auspuffflansch
63 Thermoisolation
64 Sperrventil
65 Triebrad des Sperrventils
66 Mittelzahnrad
67 Kühllufteinlassstutzen
68 Kühlluftauslassstutzen
69 Auslassventil
70 Laufbuchse
71 Hauptrotorwelle
72 Trapezgewindespindel
73 Gabel mit Rollen

74 Support
75 Flanschen
76 Bedienungsluftsystem
77 Walze
78 Nadellager mit Borden und Innenring
79 Zwischenrad
80 Leitwerk
81 Stirndichtleiste
82 Einlassklappe
83 Holm
84 Synchronriemen
85 Ventilbuchse
86 Hülse
87 Zahnrad
88 Stellgetriebe
89 Spannrolle
90 Filtergehäuse
91 Filterlaufband
92 Abfuhransatz
93 Ansaugansatz
94 Stützwalze
95 Stellgetriebe
96 Spannwalze
97 Ausstoßkanal
98 Ansaugkanal
99 Triebwalze
100 Rillenkugellager
101 Stirnwand
102 Auflage-Teil mit Labyrinth
103 GFT-Dichtung
104 Feder zur Kompensation der Temperaturausdehnungen
105 Paket aus Rillenkugellager und GFT-Radialdichtung Typ 103
106 Wasserleitungsröhrchen
107 Gasabfasshaube
108 Rahmen
109 Dichtlamelle
110 Feder
111 Regelkappe
112 Druckgasleitung
113 Tauchkolben
114 Feder
115 Angreifstock
116 Regelklemme
117 Wasserdüse
118 Schmierölkanal
119 Paket der Rillenkugellager
120 Rillenkugellager
121 Ansatz zur Stirnwand
122 Kühlluftleitung
123 Stutzen von Druckwasseranlage
124 MENTAX-Gleitringdichtung Typ U

125 MENTAX-Metallbalg-Gleitringdichtung Typ MUA
126 Mitnehmer-Ring
127 O-Ring
128 GFT-Radialdichtung Typ 103
129 Nadelkranz
130 Triebrad der Ventilbuchse
131 Leitung zur Ionisationselektrode
132 Leitung zur Zündelektrode
133 Brennerkopf
134 Luftleitgitter

TEIL III

THERMODYNAMISCHE GRUNDLAGEN

1 Konstruktives Schema der Drehkolbenkraftmaschine mit kontinuierlichem Brennprozess

Der kontinuierliche Verdrängungsprozess ist zurzeit bei den Verdichtern mit Schraubenpaaren in der Fördertechnik sowie der Verdichter- und Kältetechnik weit verbreitet. Die Konzeption der Drehkraftmaschine mit rotierenden Verdrängern bezieht sich darauf, dass nicht nur Schraubenpaare (mit komplizierter Konfiguration) als Verdränger möglich sind, sondern Rotorpaare mit einzelnem Kamm in einfachen linearen und zylindrischen Formen als Spitzenfall denkbar sind. Das Rotor-Pendant bekommt dabei die Vertiefung, die die gemeinsame Drehung der Rotoren mit Walzkontakt ermöglicht. Dies erleichtert die Herstellungsprobleme und beseitigt die Verdichtungsschwierigkeiten, die bisher die große Hürde bei der Entwicklung der Kraftmaschinen solcher Art darstellen. Dabei ist die einfache Dichtleiste anwendbar.
Die Kraftmaschine könnte aus zwei Stufen bestehen: Verdichterstufe für Luft und Expansionsstufe des Gases sowie Brennkammer dazwischen. Die Rotorpaare können dabei mit einem Hauptrotor und zwei, drei oder vier Nebenrotoren in einem Gehäuse verbunden werden. Außerdem lässt sich dann die Verbrennungskammer im Inneren des Hauptrotors platzieren und kann sich durch beide Stufen ausdehnen. Diese Ideen rationalisieren das allgemein bereits bekannte Schema deutlich und maximieren den Gesamtertrag. Dabei entstehen etliche Ähnlichkeiten in Aufbau und Arbeitsweise mit Turboaggregaten und es gibt die Möglichkeit, dessen Brennkammer zu entlehnen.
Bei dieser Zusammensetzung von Teilen beider Gattungen der Wärmemaschinen entsteht also eine Drehkolbenkraftmaschine, die die ökonomischen kolbenartigen Verdichtungs- und Expansionsvorgänge von Kolbenmotoren und die kontinuierlichen Brennprozesse von Turboaggregaten vereint, und letztlich ein Synergieeffekt, der im Folgenden noch zu betrachten ist.
Trotz aller Vielfältigkeit möglicher Konfigurationen der Rotoren (mit verschiedenem Profil und Anzahl der Kämme, mit verschiedenem Verschraubungswinkel usw.) (siehe G 94 01 804.9) sind die thermodynamischen Prozesse in der Kraftmaschine und entsprechende Berechnungen identisch. Ein Unterschied entsteht nur bei der Definition der Volumina, d. h. von Elementar- oder Einzelvolumen der angesaugten Luft, und des dadurch bestimmten spezifischen Förderstroms (Menge der beförderten Medien pro Zeiteinheit). Die Volumina sind von der konkreten Konstruktion und der Projekt-Leistung sowie den Drehzahlen der Kraftmaschine bestimmt. Diese Größen sowie die für die Konstruktion zulässigen Parameter des Arbeitsprozesses wie Druck und Temperatur definieren schließlich die Abmessungen und die Masse der Kraftmaschine.
Für die Ziele der thermodynamischen Betrachtungen kann sowohl das einfache konstruktive Schema der Drehkraftmaschine (wie in DE 10 2006 038. 9 dargestellt) als auch die Konstruktionen der weiteren Patentschriften genutzt werden.

Für die Analyse der Berechnungsdaten und ihre Schlussfolgerungen sind die Zeichnungen und Beschreibungen des vierten Patents und die Zusätze zur vierten Anmeldung von Belang, da sie

die für die Analyse notwendigen konstruktiven Optimierungen beschreiben. Die Zeichnungen und Beschreibungen dieser Konstruktionen und ihrer Arbeitsweise finden sich in den entsprechenden Patentschriften sowie im Teil III dieser Monografie.
Weitere thermodynamische Betrachtungen erlauben es, die Parameter der Arbeitsprozesse exakt zu definieren und daraus die Baumasse der Drehkraftmaschine zu ermitteln. Auch die Hauptcharakteristika wie Wirkungsgrade, Kraftstoffverbrauch, Abwärme etc. lassen sich zuverlässig einschätzen.
Die Thermodynamik beschreibt den Arbeitsprozess für die ganze Klasse der Kolbenmaschinen mit kontinuierlichem Brennprozess. Die individuellen Eigenschaften der Kraftmaschine sind von seiner konkreten Konstruktion mit ihren Abmessungen definiert. Maßgebend sind, wie schon erwähnt, die Volumina und der spezifische Förderstrom, der seinerseits auch von den Drehzahlen bestimmt ist.

2 Volumina

Abbildung 12: Verlauf des Arbeitsprozesses in der Verdichterstufe der Drehkolbenkraftmaschine

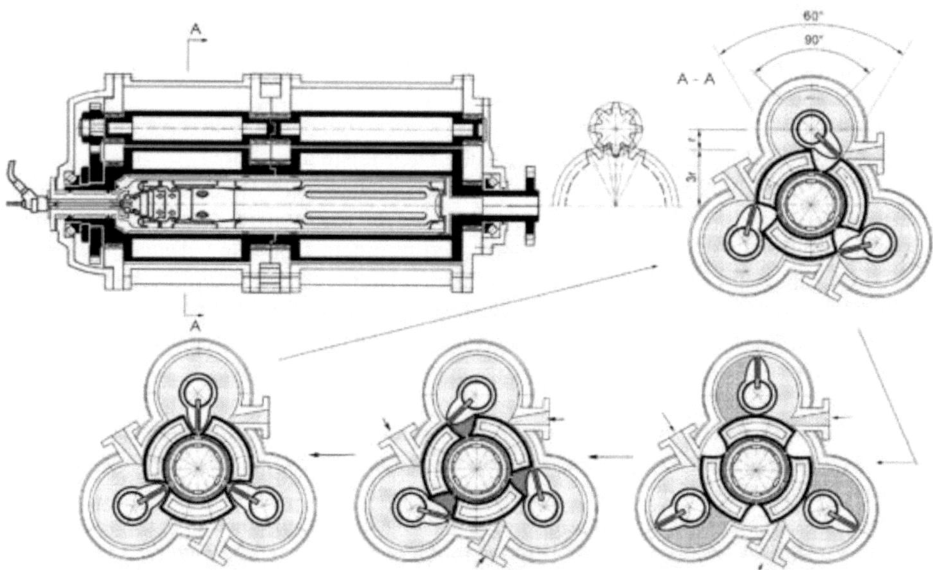

Wie aus Abbildung 12 ersichtlich beträgt der Durchmesser der Verdichtungskammer 2d und die Rotorlänge L (vom Durchmesser der Nebenrotorwalze d ausgehend). Daraufhin beträgt das Hubvolumen jedes der drei Verdichtungsräume:

$$V_{H\,V} = \frac{3}{4}\frac{\pi[(2d)^2 - d^2]}{4} L \qquad (1.2.1)$$

Der gesamte Förderstrom beträgt:

$$V_{f\,V} = 3\frac{3}{4}\lambda_L \frac{\pi[(2d)^2 - d^2]}{4} L \frac{n_N}{60} \qquad (1.2.2)$$

Mit dem Koeffizienten ¾ berücksichtigt man das Ansaugvolumen zum Anfang der Komprimierung je Kammer. Diese Gleichungen gelten sowohl für die Verdichterstufe als auch für die Expansionsstufe. Der Liefergrad $\lambda_L = 0{,}7 \ldots 0{,}95$. Seine Grenzen sind durch das Druckverhältnis (bei dessen Steigerung er abfällt) und die Abdichtungsqualität bestimmt.

Unter der Annahme, dass für die Verdichterstufe $\lambda_L = 0{,}83$, $L = 1{,}5 \times 2d$ gilt, beträgt für die Höchstdrehzahl der Nebenläufer n_N min^{-1} der Durchmesser der Walze des Nebenläufers:

für die Verdichterstufe $d_V = 1{,}6568 \sqrt[3]{\frac{V_{fV}}{n_N}}$ (1.2.3)

für die Expansionsstufe $d_E = 1{,}6568 \sqrt[3]{\frac{V_{fE}}{n_N}}$ (1.2.4)

$V_{f\,V}$ ist bei der Verdichterstufe die Menge der eingesaugten Luft bei atmosphärischem Druck und bei der Expansionsstufe V_{fE} die Menge des Mediums beim Auspuffdruck im Abgassystem. Die Luft-Gas-Menge bzw. der Förderstrom wird von der Thermodynamik und der Leistung auf der Welle bestimmt. Deshalb muss die Thermodynamik beschrieben sowie die Leistung und die Drehzahlen vorgegeben sein, um zu den Charakteristika und Abmessungen der Drehkraftmaschine zu kommen.

3 Thermodynamisches Modell des Arbeitsprozesses

3.1 Thermodynamisches Modell

Für die thermodynamischen Begründungen wurden ein eigenes thermodynamisches Modell sowie ein Berechnungsalgorithmus für ein Microsoft-Excel-Arbeitsblatt ausgearbeitet.

Das Modell berechnet einen isobaren Verbrennungsprozess bei vorgegebener Leistung und Drehzahlen sowie Luftüberschuss beim Brennen des Kraftstoffs in der Brennkammer $\omega = V_V/V_{min} > 1$. Dabei wird folgende thermodynamische Gesetzmäßigkeit ausgenutzt: Die Energie des Gasstroms (unter Mitberechnung der reversiblen polytropischen Kompressorarbeit) ist durch die Masse des Gasstroms m (Förderstrom), die spezifischen Wärmekapazitäten des Gases c_v и c_p, und die Gastemperatur T in °*K* definiert. Die spezifischen Wärmekapazitäten des Gases bestimmen die innere Energie U und die Enthalpie H (innere Energie + Arbeit des Gases bei Ausdehnung $H = U + pV$). Die mechanische Arbeit (pV) des Gases bei seiner Ausdehnung (bei Mitberechnung reversibler polytropischer Kompressorarbeit) ist als ausgegebene Leistung der Kraftmaschine zu verstehen. Diese Gesetzmäßigkeiten erlauben es, die Masse des Gasstroms m in Abhängigkeit von der Gastemperatur T in °*K* für die vorgegebene Leistung zu ermitteln. Zuerst berechnet der Algorithmus die Hauptparameter des Arbeitsmediums: die Masse des Luftstroms m (Förderstrom). Daraufhin werden die anderen Parameter des Förderstroms bei seinem Verlauf durch die Maschine entsprechend dem p-V-Diagramm berechnet sowie die Charakteristika der Maschine wie Wirkungsgrade, Kraftstoffverbrauch, Abwärme, Dimensionen etc. ermittelt. Dabei wird der Carnot-Prozess angewendet, da Verdichtungs- und Expansionsprozesse diskret und portionsweise erfolgen. Die Portionen der Verdichtungsstufe fließen zusammen in den Speicherraum und bilden so eine homogene Strömung durch die Brennkammer. Nach der Wärmezufuhr wird die Strömung erneut portionsweise in die Expansionsstufen gegeben.

Der Algorithmus berechnet zahlreiche Bauvarianten der Maschine, bestimmt durch die Vielzahl möglicher Arbeitsprozessvarianten in der Brennkammer, die beschrieben durch Gastemperatur und Druck beschrieben sind. Die Berechnungsdaten jedes Parameter des Förderstroms und jeder Charakteristik der Kraftmaschine werden in Form der Matrizen mit Koordinaten T in °*K* und p vorgeführt.

Aus der gesamten Menge der Bauvarianten der Kraftmaschine kann die Variante ausgewählt werden, die optimal zum als verträglich für die konstruktiven Materialien geltenden Temperatur- und Druckbereich passt.

Beim experimentellen Prototyp der Drehkolbenkraftmaschine ist der Arbeitstemperaturbereich des Gases t°= 800–900 °C (T_3° *K* = 1073–1173°) unter Berücksichtigung der obligatorischen Kühlung der Teile, die in Berührung mit heißem Gas stehen, ausgewählt. Dieser Bereich entspricht dem Luftüberschuss $\omega = V_V / V_{min} \geq 2$ und ermöglicht annehmbare anfängliche Temperaturbedingungen für die Konstruktion zusammen mit der Anwendung des Kühlsystems.
Diese Auswahl ist auf die weitere Entwicklung abgestimmt, die auf möglichst hohe Temperaturen und Drücke zur Erreichung möglichst hoher Wirkungsgrade sowie Kennwerten der Leistungsvolumina abzielt.
Die Entwicklungskonzeption des experimentellen Prototyps der Drehkolbenkraftmaschine sieht vor, dass je nach Entdeckung temperaturüberlasteter Stellen und entsprechenden konstruktiven Nachbesserungen die Arbeitstemperatur des Gases und der Druck allmählich und nachhaltig erhöht und damit die Wirtschaftlichkeit gesteigert werden können. Das Verfahren dafür ist schon gefunden und in der Entwicklungskonzeption der Maschine berücksichtigt. Die konstruktiven Mittel des experimentellen Prototyps sind auch vorausbestimmt: die Steuerung des effektiven Kompressionsraums in der Verdichterstufe. Das Steuerungssystem ermöglicht es, einen Teil der angesaugten Luft vor der Komprimierung zurück in die Atmosphäre auszulassen. Damit gelangt weniger komprimierte Luft in die Brennkammer und der Luftüberschuss beim Brennen des Kraftstoffs wird reduziert.
Die Verdichterstufe erübrigt mit der Steuerung des Verdichtungsraums die Herstellung diverser Typengrößen von Verdichterstufen und ihre Auswechslung bei den Experimenten. Daneben gewährleistet der Luftüberschuss der Maschine die guten Start- und Beschleunigungseigenschaften. Aber die größte Bedeutung des Verfahrens mit Luftüberschuss besteht in der geregelten Verbrennung des Kraftstoffs und damit ihrer umweltfreundlichen Wirtschaftlichkeit. Zur Verdeutlichung lohnt sich ein Exkurs in die herkömmliche Technik.

Unter einer stöchiometrischen Verbrennung versteht man einen Prozess, bei dem nur so viel Luft beim Brennen anwesend ist, wie für die völlige Verbrennung des zugestellten Kraftstoffs nötig ist. Der Luftüberschuss ist dabei $\omega = V_V / V_{min} = 1$. Die Temperatur des Gases übersteigt in der Zone der Zündung des Brenngemischs t = 2000 °*C* (T = 2273 *K*). Ein solcher oder ähnlicher Prozess verrichtet sich bei der Arbeit mit Maximalleistung und näherliegenden Regimes bei herkömmlichen Kolbenmotoren, Wankelmotoren und verschiedenen Arten der Drehkolben- und Schaufel-Rotor-Motoren. Alle diese Motoren arbeiten im Übrigen mit einer periodischen Gemischzündung.
Bei derart hohen Temperaturen und dem explosiven Charakter des Verbrennungsprozesses entstehen diverse schädliche Verbindungen (CO, CO_2, C_xH_y, NO_x, Benzol, Ruß und andere Schadstoffe), die dann mit den Abgasen in die Atmosphäre gelangen. Zu beobachten sind dabei eine nicht vollständige Verbrennung des Kraftstoffs und eine nicht vollständige Ausdehnung des Gases, das dann mit hohem, nicht abgearbeitetem Druck hinausgelassen wird, sodass ein System zur Lärmbekämpfung und Gasreinigung mit Katalysatoren und Filtern eingesetzt werden muss. Diese Maßnahmen setzen die mögliche Leistung herab und steigern den Kraftstoffverbrauch der Motoren, was die Herstellungs- und Betriebskosten erhöht und den Wirkungsgrad senkt. Unvermeidlich sind erhöhte ökologische Belastung und steigender Ressourcenverbrauch.

3.2 Auswahl an Gleichungen

Die thermodynamischen Prozesse in den Kammern der Rotoren während der Verdichtungs- und Expansionsvorgänge entsprechen ungefähr den Prozessen in den Zylindern des Otto- und Dieselmotors, denn streng genommen sind sie auch diskret im Unterschied zu kontinuierlichen Prozessen, z. B. bei Strommaschinen. Hier aber ähneln die Kammervolumina den Zylindervolumina der herkömmlichen Kolbenmaschinen, wenngleich die Komprimierungs- und Entspannungszyklen in getrennten Arbeitsräumen mit viel höheren Geschwindigkeiten und ohne Unterbrechung für einen Prozesswechsel ablaufen. Die Verdichtungs- und Expansionsprozesse in den Arbeitsräumen der Drehkraftmaschine haben zyklischen Charakter und es kommt zu Druck- und Volumenwechseln. Deshalb kann man sie wie Kolbenmotoren in p-V-Diagrammen darstellen.

Bei einem Ottomotor wird das Brennstoff-Luft-Gemisch bis kurz vor dem Zündvorgang (und der Umkehrbewegung des Kolbens) komprimiert und verbrennt beim höchsten Druck p_{max}. Im darauffolgenden Arbeitstakt dehnen sich die Gase und leisten die Arbeit. Beim Dieselmotor wird die Luft durch Druck bis zur Zündungstemperatur erhitzt, worauf dann die Einspritzung des Brennstoffs erfolgt. Die Einspritzung dauert einen beträchtlichen Teil des Arbeitsgangs, wodurch er bei einem relativ konstanten mäßigen Druck verläuft. Der reale Prozess in der Drehkraftmaschine aber zeichnet sich dadurch aus, dass er bisweilen auch bei einer Druckerhöhung gegenüber dem Verdichtungsdruck verlaufen könnte und so eher dem Seiliger-Prozess, d. h., einem gemischten Otto-Diesel-Prozess entsprechen würde.

Die Grafik unten zeigt den vereinfachte Seiliger-Prozess und seine Grenzfälle (1-2-2'-3-4) im *pV*- Diagramm: Die Kurve 1-2 beschreibt den Prozess der Luftverdichtung in der Verdichtungsstufe und wird durch die reversible Adiabate wiedergeben. Es folgt die Isochore (gleichbleibendes Volumen) 2-2'. Sie stellt die Wärmeteilzufuhr in der Verbrennungskammer bei gleichbleibendem Volumen dar. Dann folgt die Isobare (gleichbleibender Druck) 2'-3, sie zeigt die Zufuhr der restlichen Wärme bei konstantem Druck. Kurve 3-4 zeigt die Ausdehnung der Gase in der Expansionsstufe. Zuletzt folgt die Isochore 4-1, die den Wärmeverlust durch Ausströmen der Gase verdeutlicht.

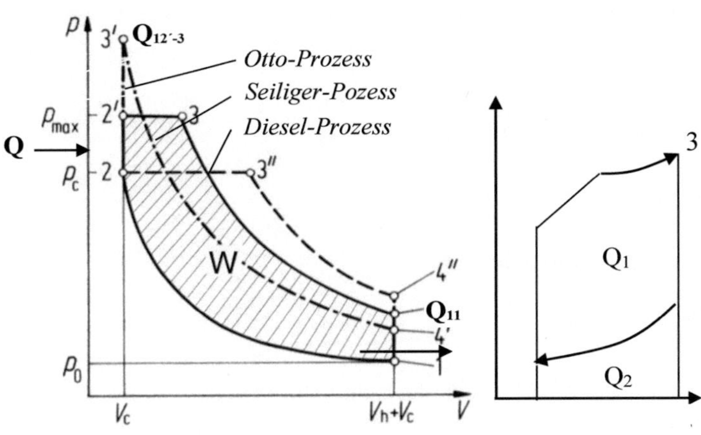

Abbildung 13: p-V-Diagramm des Seiliger-Prozesses

Adiabate Kompression1-2

$Q_{1-2} = 0$

$S = S_1 = S_2 = \text{const}$

$pv^x = p_1 v_1^x = p_2 v_2^x = \text{const}$

$\frac{v_2}{v_1} = \left(\frac{T_1}{T_2}\right)^{1/x-1} = \frac{1}{\varepsilon}$

$\frac{T_2}{T_1} = \left(\frac{p_2}{p_1}\right)^{\frac{x-1}{x}}$

$$W_{1-2} = \frac{mR}{x-1}(T_2 - T_1)$$

$$= m\,\frac{1}{x-1}(p_2 v_2 - p_1 v_1)$$

$$= m\,\frac{1}{x-1}\,p_1 v_1$$

$$\times \left[\left(\frac{p_2}{p_1}\right)^{x-1/x} - 1\right]$$

$W_{t\,1-2} = xW_{1-2}$

Isochore (Wärmezufuhr, Druckerhöhung) 2-2'	Isochore (Wärmezufuhr, Ausdehnung) 2'-3	Adiabate (Ausdehnung) 3-4	Isochore (Auspuff) 4-1
$v = v_2 = v_{2'} = const$ $\frac{p_{2'}}{p_2} = \frac{T_{2'}}{T_2} = \psi$ $Q_{2-2'} = U_2 - U_{2'}$ $= m\int_{T_2}^{T_{2'}} c_v\, dT$ $W_{2-2'} = 0$ $W_{t\,2-2'} = mv_2\,(p_{2'}-p_2)$	$p = p_{2'} = p_3 = const$ $\frac{v_{2'}}{v_3} = \frac{T_{2'}}{T_3} = \varphi$ $Q_{2'-3} = H_3 - H_{2'}$ $=m\int_{T_{2'}}^{T_3} c_p\, dT$ $W_{2'-3} = m\, p_2(v_3 - v_{2'})$ $W_{t\,2'-3} = 0$	$Q_{3-4} = 0$ $S = S_3 = S_4 = const$ $pv^z = p_3v_3^z = p_4v_4^z = const$ $\frac{v_4}{v_3} = \left(\frac{T_3}{T_4}\right)^{1/z-1}$ $\frac{T_4}{T_3} = \left(\frac{p_4}{p_3}\right)^{z-1/z}$ $W_{3-4} = \frac{mR}{z-1}(T_4 - T_3)$ $= m\,\frac{1}{z-1}(p_4v_4 - p_3v_3)$ $= m\,\frac{1}{z-1}\,p_3v_3 \times \left[\left(\frac{p_4}{p_3}\right)^{z-1/z} - 1\right]$ $W_{t\,3-4} = zW_{3-4}$	$v = v_4 - v_1 = const$ $\frac{p_4}{p_1} = \frac{T_4}{T_{3'}}$ $Q_{4-1} = U_4 - U_1$ $= m\int_{T_1}^{T_4} c_v\, dT$ $W_{4-1} = 0$ $W_{t\,4-1} = mv_4\,(p_1-p_4)$

wobei: p – absoluter Druck, $v = \frac{V}{M}$ das spezifische Volumen, V – Sekundenvolumen, m – Sekundenmasse, Q – Wärmemenge, U – Innere Energie, S – Entropie, H – Enthalpie, R – individuelle Gaskonstante, T – thermodynamische Temperatur, x, z – Polytropenindexe, W – mechanische Arbeit (Arbeit der Kräfte), W_t – technische Arbeit (an/mit dem Stoffstrom verrichtete Arbeit).

[10, s. D14, P48]

Daraus lässt sich die bei 2-2' und 2'-3 zugeführte Wärme ableiten:

$$Q_{2-3} = Q = mc_v\,(T_{2'} - T_2) + mc_4p\,(T_3 - T_{2'}) \tag{1.3.1}$$

Die mit dem Abgas abgeführte Wärme entlang 4-1:

$$Q_{4-1} = Q_0 = mc_v(T_4 - T_1) \tag{1.3.2}$$

wobei m – Luftmasse, die in einer Zeiteinheit in die Verdichterstufe eingesaugt ist, c_v и c_p – spezifische Wärmekapazitäten von Verbrennungsgasen, die ihre innere Energie U und ihre Enthalpie (Innere Energie + Ausdehnungsarbeit der Gase H = U + pV) kennzeichnen.

$k = \frac{c_p}{c_v}$ – Adiabatenindex eines idealen Gases. Er hängt von der Zusammensetzung des Gases und der Temperatur ab. Sein Wert ist k = 1,66 für einatomige Gase, k = 1,4 für Luft bei Normalzustand und k = 1,3 für dreiatomige Gase.

Die theoretische mechanische Arbeit (Energieumsatz nach dem ersten Hauptsatz der Thermodynamik):

$$W_{th} = Q - Q_0 = \int p \, dV \tag{1.3.3}$$

Der theoretische Kreisprozess mit idealem Arbeitsgas berücksichtigt nur den thermodynamischen Verlust Q_0 und liefert den oberen Grenzwert W_{th}. Die in einer Zeiteinheit ausgeführte theoretische Arbeit W_{th} erweist sich als die theoretische Leistung der Kraftmaschine.

$$Q - Q_0 = P_{th} \tag{1.3.4}$$

Der reale Verdichtungsprozess in der Verdichterstufe sowie der Ausdehnungsprozess in der Expansionsstufe sind von diversen Energieübergängen begleitet und ragen daher aus der theoretischen Kurve des Diagramm heraus (Vergleichsprozess). Diese Abweichungen lassen sich teilweise mit der Anwendung von Polytropenindizes bei der Kompression der Luft – x – und von Gasen – z – berücksichtigen.

Der Kraftstoffverbrauch lässt sich annährend durch die Anwendung der Sankey-Diagramme wie folgt ermitteln.

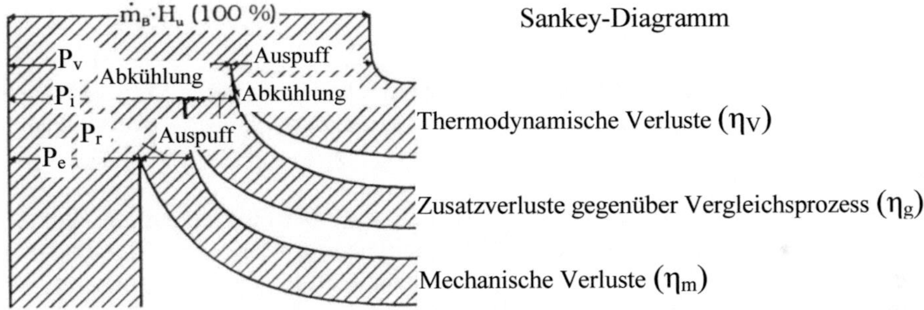

Die Wärmezufuhr Q ist durch die Brennstoffmasse $m_{B/s}$ und den Heizwert H_u bestimmt.

$$Q = m_{B/s} H_u$$

Die Sankey-Regel lautet:

$$Q \eta_e = P_{W,0}$$

wobei $P_{W,0}$ die vorgegebene Leistung der Kraftmaschine ist.

Sekunden-Kraftstoffmasse $m_{B/h}$

$$m_{K/h} = \frac{P_{W,0}+P_D}{H_u\eta_e} = \frac{P_{W,0}+S_cW_c}{H_u\eta_e} = \frac{P_{W,0}+W_c^2}{H_u\eta_e m_{1/s}} \tag{1.3.5}$$

wobei P_D – Leistung der konventionellen „adaptierten Steuerdüse“
S_c – Schub der konventionellen „adaptierten Steuerdüse“

w_c – Austrittsgeschwindigkeit der Gase
H_u – Heizwert des Brennstoffs (Tabelle)
η_e – effektiver Wirkungsgrad (siehe Sankey-Diagramme)
$m_{1/s}$ – Mengenstrom

Effektiver Wirkungsgrad:

$$\eta_e = \eta_V \cdot \eta_g \cdot \eta_m$$

Thermodynamischer Wirkungsgrad des Seiliger-Prozesses η_V:

$$\eta_{V\,Seiliger} = 1 - \frac{1}{\varepsilon^{k-1}} \cdot \frac{\psi\,\varphi^{k}-1}{\psi-1+\psi k(\varphi-1)} \tag{1.3.6}$$

Der Gütegrad η_g zeigt den Grad der Annäherung der Arbeit im p-V-Diagramm zum bei Kolbenmotoren charakteristischen Prozess mit realem Gas:

η_g = 0,7... 0,9. Angenommen: η_g = 0,9, denn hier ist dieser Koeffizient nicht relevant.

Mechanischer Wirkungsgrad η_m:

η_m = 0,8... 0,9. Angenommen: η_m = 0,9

Mit diesem Wert unterstellt man, dass für Kolbenmotoren charakteristische Massenkräfte hier nicht relevant und die Reibungen bei Dichtungen und Lagern durch konstruktive Maßnahmen minimiert sind.

Bei vielen Anwendungen der Drehkolbenkraftmaschine, z. B. bei Flugzeugen mit Senkrechtstarteigenschaften, wäre es zweckmäßig, dass die Gesamtleistung der Kraftmaschine neben der Kraftreserve von üblichen 30 % auch noch über Kapazitäten verfügt, die es dem Flugzeug beim Senkrechtstart sowie beim Übergang in den Reiseflug ermöglichen, sich mit seinen Abgasen und Steuerdüsen lagestabil und manövrierfähig zu halten. Das erspart zusätzliche Energiequellen. Üblicherweise wird dazu die Zapfluft des Turbokompressors des Triebwerks verwendet. Da neben der Austrittsgeschwindigkeit der Gase vor allem deren Masse den Schub der Steuerdüse definiert, ist die Verwendung der Verdichterstufenzapfluft in unserem Fall nicht sehr sinnvoll. Die Gesamtmenge der eingesaugten Luft ist hier gering im Vergleich mit dem Turbokompressor, der die Gasturbine gleicher Leistung mit Luft versorgt. Nur die gesamten Auspuffgase aus der Expansionsstufe mit hoher Temperatur können diese Rolle übernehmen, indem sie mit ihrem Restdruck zum Steuern des Flugapparats genutzt werden. Dazu müssen sie unter Umständen erst auf ein für die Steuerelemente verträgliches Niveau abgekühlt werden. Auch wenn sich dabei Verluste durch eine steigende Masse der Kraftmaschine und erhöhte mechanische und thermische Belastungen auf die Elemente (wie aufgeführte theoretische Untersuchungen gezeigt haben) ergeben, könnte der Gesamtgewinn beträchtlich sein. Dabei ist zu berücksichtigen, dass:

- der Schub der Steuerorgane sich mit dem Hauptschub des Triebwerks in Senkrechtrichtung (Steuerungsschub für einen Kurswechsel ausgenommen) summiert und
- die Leistungsreserve gerade die extremen Bedürfnisse berücksichtigt, wenn etwa besondere Steuerungen, z. B. bei böigem Wetter, benötigt werden.

Für den Fall der Anwendung von Drehkraftmaschine in Flugzeugtriebwerken errechnet der Berechnungsalgorithmus des Computerprogramms Works auch den Schub der „adaptierten Steuerdüse“ und die Auswirkungen des erhöhten Drucks im Abgassystem auf alle Parameter der Drehkraftmaschine. Der Schub der konventionellen „adaptierten Steuerdüse“ ergibt sich wie folgt:

$S_c = m_{Gas} \times w_c$; wobei m_{Gas} – der Mengenstrom; w_c – Austrittsgeschwindigkeit der Gase

$$w_c = \sqrt{2\frac{z}{z-1}p_0 v_0\left[1-\left(\frac{p_e}{p_0}\right)^{\frac{z-1}{z}}\right]}\ m/s \qquad (1.3.7)$$

wobei p_e – Außendruck, p_0, v_0 – Zustandskonstanten der Gase vor dem Austritt

Diese Auswahl an Gleichungen reicht für die Berechnung aller Parameter des Mediums bei Zustandsänderungen in der Kraftmaschine, also aller wichtigen Parameter der Kraftmaschine. Der vollständige Berechnungsprozess, die Analyse-Berechnungsdaten, die Auswahl der Bauvarianten der Drehkraftmaschine sowie die Begründung der Beschaffenheit werden in den folgenden Kapiteln für das Beispiel einer Kraftmaschine mit einer Leistung von 100 *kW* ausführlich dargestellt.

4 Berechnung der Parameter und Charakteristika der Drehkolbenkraftmaschine

4.1 Vorgegebene Daten

Einheitensystem SI (MKS): Länge – Meter *m,* Masse – Kilogramm *kg,* Zeit – Sekunde *s,* Kraft – Newton $N = kg\ m/s^2$, Leistung – Watt $W = kg\ m^2/s^3 = J/s$, Arbeit – Joule $J = N\ m = kg\ m^2 s^2$, Druck – $bar = 10^5\ N/m^2$

Die vorgegebenen Parameter:
- Leistung auf der Welle der Drehkraftmaschine $P_{w,o}$
- Drehzahl der Nebenrotoren $n_Б$

Aussagen bezüglich der Abhängigkeit der Prozessgrößen von vorgegebenen Parametern können nur mit Orientierung an Modellen des Kreisprozesses bei Kolbenmotoren vorgenommen werden, denn Laborversuche und Modelle für Drehkolbenkraftmaschinen mit kontinuierlichem Prozess sind noch nicht verfügbar. Daher sind die weiteren Berechnungen unter Anwendung der Parameter für Kolbenmotoren als annähernd zu betrachten.

Standardgrößen und angewendete Parameter:
- Atmosphärenzustand $p_0 = 1{,}01325$ *bar*; $t = 20^0$; $\rho = 1{,}1881\ kg/m^3$
- Adiabatenindex für Luft k = 1,4
- Adiabatenindex für Gas r = 1,3
- Polytropenindex für Verdichtung der Luft in der Verdichterstufe x = 1,3
- Polytropenindex für Ausdehnung des Gases in der Expansionsstufe z = 1,24
- spezifische Wärmekapazitäten von Verbrennungsgasen $c_p = 1{,}007$; $c_v = c/k = 0{,}7193$

Die Werte k, r, x, z und c_p bei $\lambda = m_L/m_B\, L_{min} \geq 1$ (Verhältnis der Luftmasse der Verdichterstufe zur Minimalmasse für die vollständige Verbrennung des Brennstoffs) sind den Diagrammen bei Dubbel 1990, S. P 45, P 48, P 92 entnommen.

Weitere vorgegebene Daten:
- Liefergrad $\lambda_L = 0{,}83$ in (1.2.2)
- Wellenleistung der Kraftmaschine $P_{W,0} = 100\ kW$
- höchste Drehzahl des Nebenläufers $n_N = 20\,000\ 1/min$
- Druck in den Abgassystemen (für die Lagesteuerung des Flugapparats) $p_4 = 3\ bar$, $p_4 = 4\ bar$, $p_4 = 5\ bar$
- Abgasdruck bei vollständiger Ausdehnung der Gase in der Expansionsstufe $p_4 = 1{,}1\ bar$ (Berechnung der Hauptvariante – Variante 0)
- Koeffizient der Druckerhöhung in der Brennkammer $\psi = 1$, $\psi = 1{,}1$, $\psi = 1{,}2$
- Lufttemperatur und -druck vor dem Einlaufflansch der Verdichterstufe p_1 und T_1 sind vom Umstand definiert, dass der Einlaufflansch in der Druckzone hinter dem Schaufelwerk liegt.

$$p_1 = p_0 + \frac{F_0}{A_p} = p_0 + \frac{4F_0}{g_0 \pi D^2} = 1{,}0133 + \frac{4 \cdot 6370}{9{,}8 \cdot 3{,}14 \cdot (1{,}2)^2 \cdot 10^4} = 1{,}0708\ bar$$

$$T_1 = (273{,}15^0 K + t)\left(\frac{p_1}{p_0}\right)^{\frac{X-1}{X}} = (273{,}15 + 20)\left(\frac{1{,}0708}{1{,}01325}\right)^{\frac{1{,}3-1}{1{,}3}} = 297\ °K$$

Das Computerprogramm erlaubt es, die *vorgegebenen Daten* nach Wunsch zu ändern.

4.2 Parameter des Förderstroms entlang der Förderstraße – errechnete Daten

Das Computerprogramm **Microsoft Excel** ermöglicht es, die Parameter der Luft und des Gases wie auch die Charakteristika der Kraftmaschine als Funktion der Temperaturen und Drücke in der Brennkammer zu berechnen (als Daten in Matrizen mit den Koordinaten T_3 K und p_2). Diese Daten werden durch die ganze Trasse der Maschine berechnet.
Die Bauvariante der Drehkraftmaschine mit ihren Parametern und Charakteristika ist durch die Koordinaten T_3 K und p_2 bei vorgegebener Leistung $P_{w,o}$, maximaler Drehzahl des Nebenläufers n_N, Druck im Abgassystem p_4 und anderen vorgegebenen Werten (siehe voriges Kapitel) definiert.

Errechnete Daten:
- die Menge der angesaugten Luft V_1, die für die Erzeugung der (maximalen) Leistung an der Welle $P_{w,o}$, (Förderstrom) notwendig ist
- die Folgereihe der Parameter der Luft und des Gases entlang der Förderstromtrasse T_2, T_4, V_2, V_3, V_4,
- die Leistungen der Verdichterstufe P_K und der Expansionsstufe $P_{2'-3} + P_M$
- die Abwärme der Verdichterstufe $Q_{Kühl.V}$ und der Expansionsstufe $Q_{Kühl.E}$
- effektiver Wirkungsgrad η_e und Kraftstoffverbrauch $m_{K/h}$
- der Schub der adaptierten Steuerdüse S_c
- der Durchmessers der Nebenläufer der Verdichter- und Expansionsstufen d_V und d_E

Die Analyse dieser Daten erlaubt es, die Variante nach Auswahl der Hauptparameter und Abmessungen der Verdichter- und Expansionsstufen einzugrenzen und schließlich die endgültige Bauvariante zu definieren. Danach kann man die Abmessungen der Maschine zum gemeinsamen Durchmesser des Nebenläufers umrechnen und Gewichte einschätzen.

4.3 Resultate

Die *errechneten Daten* sind als Matrizen (Tabellen) dargestellt, die zahlreiche Varianten jedes berechneten Parameters zeigen. Die Koordinaten der Matrizenpositionen sind die Werte des Drucks und der Temperatur des Gases in der Brennkammer (also vor Eingang in die Expansionsstufe).

p_2 *bar* 7, 10, 13, 16, 19, 22
T_3 *K* 973, 1023, 1073, 1123, 1173, 1223, 1273, 1323, 1373, 1423, 1473, 1523, 1573, 1623

Die Anlage zeigt die Tabellen für die Hauptvariante der Drehkraftmaschine für eine allgemeine Verwendung: VARIANTE – 0 sowie die VARIANTE – 1–5 mit Daten, die für die folgende Analyse nötig sind:

- VARIANTE – 0, mit den Bedingungen:
  Auspuffdruck p_4 = 1,1 *bar,* $\psi = 1$;
- VARIANTE – 1, mit den Bedingungen:
  Auspuffdruck p_4 = 1,1 *bar,* $\psi = 1{,}2$
- VARIANTE – 2, mit den Bedingungen:
  Auspuffdruck p_4 = 3 *bar,* $\psi = 1$;
- VARIANTE – 3, mit den Bedingungen:
  Auspuffdruck p_4 = 4 *bar,* $\psi = 1$;
- VARIANTE – 4, mit den Bedingungen:
  Auspuffdruck p_4 = 5*bar,* $\psi = 1$;
- VARIANTE – 5, mit den Bedingungen:
  Auspuffdruck p_4 = 5 *bar,* $\psi = 1{,}2$.

Die Berechnungsdaten sind in den Tabellen 0-1–0-21, 1-1–1-21, 2-1–2-21, 3-1–3-21, 4-1–4-21, 5-1–5-21 aufgeführt.

Das Blockschema des Berechnungsalgorithmus ist auf der folgenden Seite dargestellt.

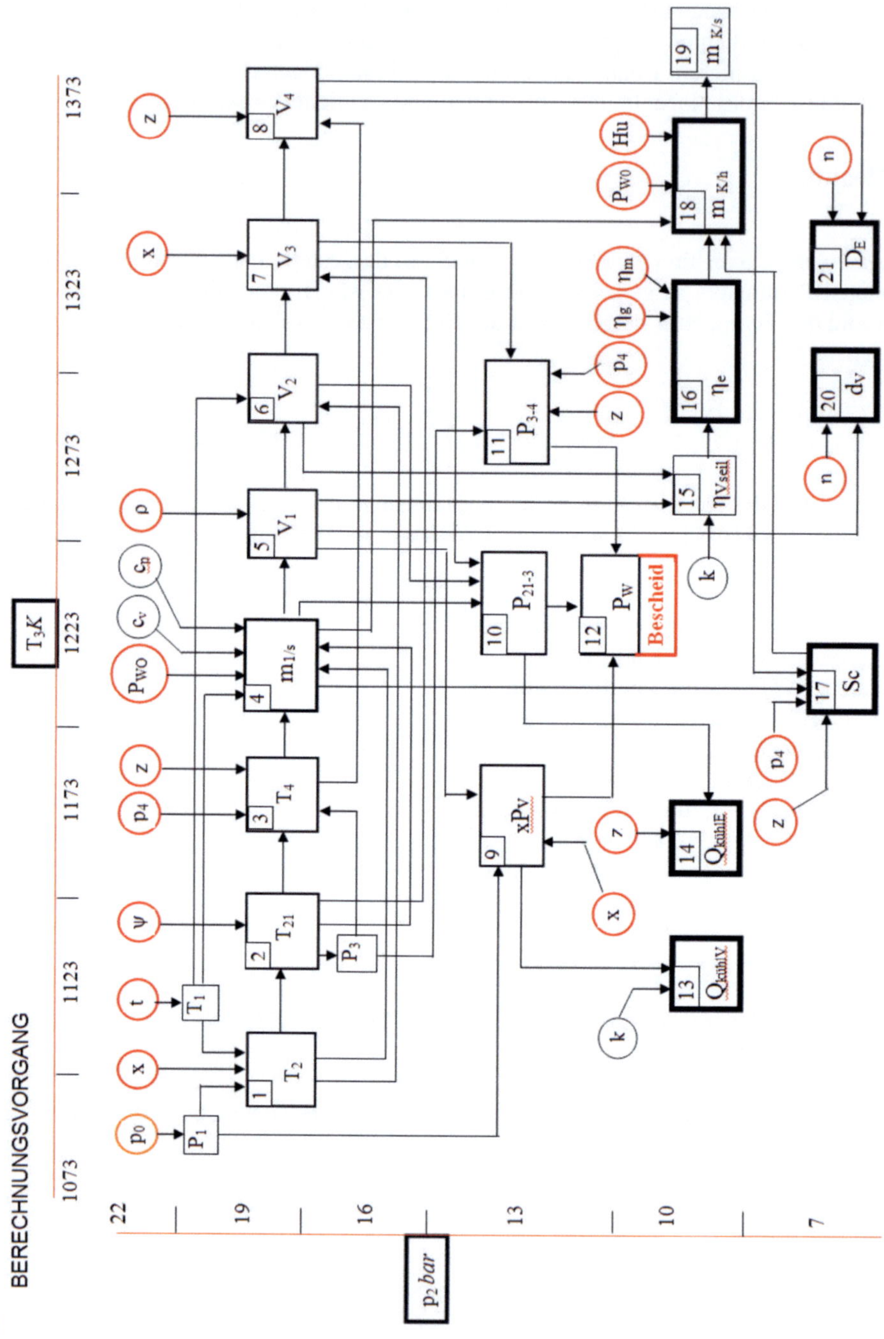

14

4.4 Die Gleichungen des Algorithmus und das Computerprogramm Microsoft Excel der Berechnungen können nach gesonderten Vereinbarungen überlassen werden

5 Analyse der thermodynamischen Berechnungen

5.1 Hauptfolgerungen und Beschaffenheit

Die Drehkolbenkraftmaschine mit kontinuierlichem Brennprozess erweist sich als Vereinigung aus Teilen einer Turbine mit Teilen einer Drehkolbenkraftmaschine mit beachtlichen Synergieeffekten.

Konsequenz dieser Vereinigung ist, dass die Drehkolbenkraftmaschine mit kontinuierlichem Brennprozess einige Eigenschaften aufweist, die charakteristisch für ein Turbokompressoraggregat sind, also eine Maschine mit kontinuierlichem Förderstrom. Daneben besitzt die Kraftmaschine ebenso Eigenschaften eines Kolbenmotors und solche, die erst durch die Vereinigung von Teilen beider Gattungen entstehen. Darüber hinaus sind in die Konstruktion der Drehkolbenkraftmaschine etliche spezielle Vorrichtungen integriert, die diese Kombination der Eigenschaften optimal nutzen, wie im Folgenden beschrieben wird.

5.1.1 Ähnlich wie bei einem Turbokompressoraggregat verläuft der Arbeitsstrom in der Drehkolbenkraftmaschine nacheinander durch **getrennte Kammern**, in denen folgende aus dem Turbokompressoraggregat bekannte Prozesse verlaufen:

- Ansaugen und Komprimierung der Luft in der Verdichterstufe,
- Hinzufügung der Verbrennungsenergie des Kraftstoffs in der Brennkammer,
- Expansion mit ständigem Druck, danach Ausdehnung des Gases in den Expansionsstufen.

In der Expansionsphase versetzt das Gas mittels der Kämme die Wellen der Expansionsstufe (d. h. Motorstufe) in Drehung, die wiederum die Leistungsausgabewelle sowie alle Wellen der Verdichterstufe antreiben.

5.1.2 Die Arbeitsvorgänge aller Stufen werden von Energieumwandlungen und Energieverlusten begleitet. Größtenteils summiert sich der reversible Teil der Energie durch den Strom aus der **Komprimierung** der Luft in der Verdichterstufe mit der eingegebenen Energie durch den Strom aus der **Kraftstoffverbrennung** in der Brennkammer. Mit der summarischen Energie der **Ausdehnung** werden die Wellen der Expansionsstufe betrieben. Ein Teil der summarischen Energie geht mit den **Auspuffgasen** verloren. Obwohl diese sich fast völlig ausdehnen und damit abgearbeitet sind, behalten sie mit ihrer hohen Temperatur eine beträchtliche innere Energie. Ein weiterer Teil der Energie geht mit der Wärmeübertragung durch die Wände nach **außen,** wird mit Kühlsystemen abgefangen und größtenteils abgeführt und geht damit ebenso verloren.

5.1.3 Der Arbeitsvorgang in der Brennkammer verläuft unter **ständigem** Brennen des Kraftstoffs und **ständigem** Druck wie bei Turbokompressoraggregaten und ist damit ein **Brayton-Joule-Prozess.** Weil er auch Verdrängungsprozess ist und im p-V-Diagramm berechnet ist, könnte er **Brayton-Joule-Prozess** genannt werden. Der Druck p_3 ist somit der Arbeitsdruck des sich anbahnenden Brayton-Joule-Prozesses. Seine Größe ist durch das **Gegenmoment** auf der Leistungswelle bedingt.

5.1.4 In der Verdichterstufe ist der Druck bei Komprimierung der Luft durch den Druck p_3 begrenzt, der im Speicherraum (wie sonst im ganzen Innenraum des Hauptläufers) herrscht. Die **Einlassdruckklappen** (41, siehe Abbildung 4, Skizzen-Projekt) in den Speicherraum öffnen sich in dem Moment, wenn der Druck bei der Komprimierung sich bis zum Wert p_3 erhöht. Damit begrenzt sich der Energieaufwand für die Komprimierung der Luft bei kleinen und mittleren Werten der Leistung der Maschine im Unterschied zum Turbokompressoraggregat. Der Verdichtungsprozess der Drehkolbenkraftmaschine ist dadurch energetisch besser als beim Turbokompressoraggregat, das quasi einen ständigen Verdichtungsgrad hat. Dies gilt auch in Bezug auf herkömmliche Kolben- und Drehkolbenmotoren, die über denselben Verdichtungsgrad auf allen Regimes verfügen.

5.1.5 Eine der sich bei Drehkolbenkraft- und Kolbenmaschinen ähnelnden Eigenschaften ist der **portionierte** Charakter der Verdichtungs- und Expansionsvorgänge. Obwohl das Ansaugen der Luft in der Drehkolbenkraftmaschine ununterbrochen verläuft, erfolgt ihre Verdichtung mittels der Verdrängungskämme **portionsweise** – drei Portionen entsprechend den drei Verdichtungskammern –, und zwar dreifach pro Umdrehung des Hauptrotors, während derer die Nebenrotoren drei Umdrehungen schaffen. Um in der Brennkammer einen stabilen Druck p_3 zu erhalten – wichtig für stabile Flammen bei der Kraftstoffverbrennung –, müssen die Druckfluktuationen, die durch die portionierte Luftzufuhr entstehen, geglättet werden. Als ein solcher **Druckglätter und Speicher** dienen die Innenräume des Hauptrotors. Der Speicher belegt alle inneren Räume des Hauptrotors, Brennkammer inklusive. Alle Räume verbinden sich wie kommunizierende Gefäße.

5.1.6 Der **Ausdehnungsvorgang** in den Expansionsstufen ist ebenfalls **portioniert**. Der Eintritt einzelner Portionen des Arbeitsgases in die Expansionsvorstufe erfolgt aus dem Brennrohr, das die Ausgabe des Gases reguliert. Zuerst verrichtet das eingetretene Gas wie oben beschrieben eine Expansion und verschiebt die Verdrängungskämme bei quasi ständigem Druck p_3 in der Brennkammer. Nach dem Eintritt verrichtet das Gas Ausdehnungsarbeit und dehnt sich bis zum atmosphärischen Druck im Gasabfuhrsystem aus. Um einem Bremseffekt durch das Druckgefälle bei der Arbeit der Kraftmaschine mit kleinen Leistungen zuvorkommen – denn in diesem Fall übersteigt der verfügbare Ausdehnungsraum den minimal notwendigen –, sind in den Verdrängungskämmen **Ausgleichklappen** (38) eingerichtet.

5.1.7 Der kolbenartige **Verdrängungsprozess ist dreimal ökonomischer als der aerodynamische** auf den Schaufeln der Turbine. Dank der Verwendung des kolbenartigen Arbeitsprozesses wird für die Erzeugung der gleichen Leistung bei Drehkolbenkraftmaschinen nur ein Drittel des Förderstroms wie bei Turbokompressoraggregaten benötigt. Entsprechend kleiner fallen die Arbeitsräume und der Kraftstoffverbrauch aus. **In der Folge sind die Wirkungsgrade bei Drehkolbenkraftmaschine ungefähr dreimal größer als bei Turbokompressoaggregaten sowie die Dimensionen der Arbeitsräume und Gewichte entsprechend kleiner.**

5.1.8 Da der Ausdehnungsvorgang in den Expansionsstufen portionierten Charakter hat, ist der **Drehmomentverlauf** auf der Welle (bei Mitberechnung des Aufwands des Drehmoments für die Verdichterstufe) nicht gleichförmig, aber durch die **Teilung** des Expansionsraums in **zwei Unterstufen** (drittes Patent DE 10 2010 005 487.4-15) ausreichend geglättet. Die Rotoren beider Unterstufen sind so miteinander verbunden, dass ihre Drehmomente einander überdecken. Das gemeinsame Drehmoment ist dadurch **relativ gleichmäßig** und fällt niemals bis Null. Die Massenkräfte glätten die Drehmomente endgültig.

5.1.9 Der Arbeitsdruck des Arbeitsprozesses **erhöht sich automatisch** bei Erhöhung des Gegenmoments auf der Leistungswelle, wobei die Drehzahlen fallen. Wird in diesem Moment eine Treibstoffzufuhr beordert, beschleunigt die Kraftmaschine und steigert ihre Leistung deutlich – ermöglicht durch den **Luftüberschuss** beim Brennen des Kraftstoffs. Diese Eigenschaft eignet sich insbesondere zum Überwinden des Start-Gegenmoments. Die Maschine erzeugt ein **großes Startmoment** und ist damit eine Maschine mit „direkter Zugkraft“. Das ist eine gute Voraussetzung für die Anwendung der Maschine in der **Schwerindustrie** anstelle der Dieselmotoren und besonders anstelle der Turboaggregate. Ein Reduziergetriebe ist nicht überall nötig.

5.1.10 Im Betrieb entstehen durch die heftigen Steuerungen und die äußeren Einwirkungen Übergangsprozesse von einem schon etablierten Diesel/Brayton-Prozess zum anderen. Dabei entsteht die Gefahr des Ausbruchs von Druck und Temperatur. Der Innerraum des Hautrotors mit darin befindlicher Brennkammer ist deshalb mit einer **Druckschutzklappe** (52, siehe Abbildung 8, Skizzen-Projekt) ausgestattet, die das Brennrohr mit dem Äußeren durch ein Gasableitungsrohr verbindet.

5.1.11 Immenser Luftüberschuss ist nicht nur für einen schnellen Start und schnelle Beschleunigung notwendig, sondern in erster Linie um annehmbare Wärmebedingungen für die konstruktiven Teile, die in Kontakt mit heißen Gasen sind, zu gewährleisten. Der **steuerbare Luftüberschuss** verdünnt regelmäßig das Gas und regelt damit die Temperatur des Arbeitsstroms, wie in der Entwicklungskonzeption der Drehkolbenkraftmaschine mit kontinuierlichem Brennprozess vorgesehen. Wie beschrieben liegt die Konzeption des Luftüberschusses $\omega = V_V / V_{min} \geq 2$ allen Berechnungen der Arbeitsprozesse der Drehkolbenkraftmaschine und ihrer Abmessungen zugrunde.

5.1.12 Die Konzeption des obligatorischen Luftüberschusses ω hat **zwei gegensätzliche Einflüsse** auf die Eigenschaften der Drehkolbenkraftmaschine: Je größer **erstens** der Luftüberschuss ausfällt, desto geringer ist die Wärmebelastung für die Konstruktionsteile. Es geht dabei vor allem um Wärmebedingungen bei Lager und Dichtungen, Dichtleisten in den Verdrängungskämmen den Verdichter- und Expansionsendstufen sowie um Wärmebelastungen der Einlassstellen für heißes Gas. **Zweitens** sind bei großem Luftüberschuss die Baumasse der Maschine und der Kraftstoffverbrauch zu hoch. Dagegen steigen mit einer Senkung des Luftüberschusses die Gastemperaturen und Drücke, wodurch sich die Wirkungsgrade und Kennwerte des Leistungsvolumens erhöhen. Die Tendenzen der progressiven Entwicklung zeigen also in Richtung einer Minderung des Luftüberschusses ω. Eine Drehkolbenkraftmaschine mit großem Luftüberschuss hat großes Potenzial zur Erhöhung ihrer Wellenleistung, verbleibt dabei aber beinahe bei ihren ursprünglichen Ausmaßen, d. h., ihr großes Potenzial ist das **Forcieren.**

5.1.13 Solches **Forcieren** ist allerdings damit verbunden, über einen ganzen Satz zusätzlicher Typengrößen der Verdichterstufe zu verfügen. Eine Lösung des Problems kann die Konstruktion eines sogenannten **„adaptiven Verdichters“** bieten, d. h. eine Konstruktion mit Einrichtungen für die Steuerung der komprimierten Luftmasse bei jeder Umdrehung der Rotoren in der Verdichterstufe. Dabei wird ein Teil der angesaugten Luft ohne Komprimierung zurück in die Atmosphäre gepustet. Dies ermöglicht eine wirtschaftlichere und effektivere Entwicklung des experimentellen Prototyps der Maschine bis zur Marktreife. Mit einer solchen Einrichtung kann nach Bedarf entweder der Luftüberschuss ω **gesenkt** und die Regimes mit hohen wirtschaftlichen Eigenschaften im Nominalbetrieb verwendet oder ein großer Luftüberschuss beim Start und „direktem Zug“ sowie für die andere Betriebseigenschaften erhalten werden.

5.1.14 Da die bei thermodynamischen Begründungen angewendeten Konstanten k, r, x, z, die Konstanten c_p, c_v und die Methodik den Nachschlagewerken für herkömmliche Kolbenmotoren entlehnt sind, entsprechen die Berechnungen der Wirkungsgrade und des Kraftstoffverbrauchs der Drehkolbenkraftmaschine dem Stand der Technik für herkömmliche Kolbenmotoren. Solche haben aber zu viele Nachteile, darunter so bedeutende wie die Diskontinuität ihrer Prozesse, die unvollständige Verbrennung des Kraftstoffs, die unvollständige Ausdehnung des Gases, große Wärmeverluste nach außen usw. Die Drehkolbenkraftmaschine mit ständigem Brennen hat solche Verluste nicht oder nur in geringem Maß. Deshalb sind **Laborforschungen** bei Maschinen mit dem Ziel erforderlich, die Konstanten und die Methodik der Berechnungen thermodynamischer Charakteristiken für die Drehkolbenkraftmaschine mit kontinuierlichem Brennprozess zu präzisieren. Diese Berichtigungen können zu einer beträchtlichen Verbesserung der Berechnungswerte führen, insbesondere bei **thermodynamischen Wirkungsgraden und Gesamtnutzgraden**.

5.1.15 Möglich sind auch konstruktive Maßnahmen, um die Wirkungsgrade zu steigern, z. B. wenn die restliche Energie des Gases vor dem Auspuff ausgewertet wird. Üblicherweise ergänzt man dafür die Wärmemaschinen mit Einrichtungen, die den sogenannten **Gas-Dampf-Zyklus realisieren**. Dabei wird die Eigenschaft des Dampfs, mehr potenzielle Energie als Gas als Vorrat anzuschaffen, genutzt, also die Eigenschaft des Dampfs, die Wärme von Abgasen und von der Konstruktion abzuziehen und mit gemeinsamem Förderstrom der Verdrängungsprozesse zu verlängern. Dieser Vorgang wird zurzeit in Gas-Dampf-Turbinen realisiert, wobei die gemeinsame Verwendung der Gasprodukte und des Dampfs in zwei aufeinanderfolgenden Wärmezyklen in zwei Turbinen vorgesehen ist. Bekannt sind die Kontaktschemen, bei denen Gas und Dampf sich zu einem gemeinsamen Förderstrom vermischen, der in eine gemeinsame Turbine strömt. Der Dampf wird aber in getrennten Kontaktgeneratoren generiert. So belegen Theorie und Praxis, dass die Verwendung in den Arbeitsprozessen des Wasserdampfs nicht nur eine vollständige Verwertung der Wärme der Verbrennungsgase und damit eine Einsparung beim Kraftstoffverbrauch, sondern auch eine Kühlung der konstruktiven Teile der Anlage sowie eine Reduzierung der Schadstoffe in den Abgasen erlaubt.

5.1.16 Die Drehkolbenkraftmaschine erfüllt die **Voraussetzungen** für die Verwirklichung des **Gas-Dampf-Zyklus.** Auf allen Regimes außer dem Maximalregime verfügt sie über einen überschüssigen Ausdehnungsraum in der Endexpansionsstufe, der für die Ausdehnung des Gas-Dampf-Gemischs genutzt werden kann, und freie Innenräume in den Nebenrotoren, die unter hoher Temperaturbelastung stehen und für die Dampferzeugung nutzbar sind, wenn dort Wasser eingespritzt wird. Mit der Dampfbildung durch die hohe Temperatur erwirkt die Wassereinspritzung eine Kühlung des Rotors und verbessert damit die Wärmebedingungen für die Dichtungen. Bei der Drehkolbenkraftmaschine ist eine Steigerung der Wirkungsgrade bis **70 %** zu erwarten.

5.2 Arbeitsvariante der Drehkolbenkraftmaschine im p-V-Diagramm

5.2.1 Variante 0 – Hauptvariante für allgemeine Verwendung (p_4 = 1,0133 *bar*, ψ = 1): Der nach Belastungen, optimalen Charakteristiken sowie Abmessungen der Kraftmaschine günstigste Arbeitsprozess ist ein anhaltender (ψ = 1) Diesel/Brayton-Prozess. Dabei erfolgen Kraftstoffverbrennung und Gasausdehnung in der Brennkammer und teilweise in der Expansionsvorstufe ununterbrochen bei ständigem Druck von einer Seite und bei völliger Ausdehnung des Gases in den Expansionsstufen bis zum atmosphärischen Druck (z. B. bis p_4 = 1,0133 *bar*) von anderer Seite. Praktisch begrenzt sich der Druck im Gasabfuhrsystem ($p_4 \leq 1{,}1$ *bar*). Dieser Prozess ist im p-V-Diagramm (siehe Abbildung 13 und Formelwerk in 2.2) als *Diesel-Prozess* mit den Eckpunkten 2–3” dargestellt. Die Drehkraftmaschine verrichtet dabei die beorderte Leistung auf der Welle (**$P_W \geq P_{W,0}$**) in den Bereichen der Temperatur T_3 *K* und des Drucks p_3 (siehe Anhang, Variante 0, Tabellen 0-12). Man kann beliebige Regimes und entsprechende Parameter wie Durchmesser der Verdichterstufe d_K und Durchmesser der Expansionsstufen d_M

auswählen, die für die Dimensionen der Maschine als Grundwerte dienen. Obligatorische Bedingung für die Erhaltung dieses Prozesses (Beibehaltung bei $\psi = 1$) ist eine möglichst fließende Steuerung der Wellenleistung.

Bezüglich des Verhältnisses ($P_W \geq P_{W,0}$) lohnt es sich zu erläutern, dass, wenn man die Gleichung $P_W = xP_K + P_{2'-3} + P_M$ *kW* in Betracht zieht, die Expansionsstufe die Wellenleistung $\mathbf{P_{W,0}}$ unter Mitwirkung der reversiblen Energie gewährleistet und der Luftstrom bei Komprimierung in der Verdichterstufe xP_K erhalten bleibt, wobei zu dieser Energie bei der Balanceberechnung die mithilfe des Polytropenindexes x bei P_K mitberechnete abgeführte Wärme hinzuzurechnen ist. Durch den Berechnungsalgorithmus nicht erfasster Energieaufwand in der Verdichterstufe ist damit verbunden, dass nach Komprimierung der Luft eine Verschiebung der komprimierten Luft gegen den Druck des Arbeitsprozesses in den Speicherraum stattfindet. Selbst wenn die schwer zu definierenden Energieübergänge, etwa der Moleküle-Dissoziation bei hohen Temperaturen, nicht exakt berücksichtigt werden, existiert der notorische Überfluss der vorhandenen Leistung der Expansionsstufe. Und je größer der Arbeitsdruck ist, desto größer ist dieser Leistungsüberschuss. Weil ständiger Luftüberschuss $\omega = V_V / V_{min} \geq 2$ existiert, ist ein Übergang zur erhöhten Leistung $P_{w,o} = 2\pi\ n\ M_0$ sowohl mit erhöhten Drehzahlen der Rotoren n als auch mit Steigerung des Drehmoments oder unter Mitwirkung beider Faktoren möglich. Dabei ist für die Werte des Drehmoments der Druck p_3 zuständig. In Realverhältnissen, die während der Übergangsprozesse bei heftigen Steuerkommandos an die Leistung, bei einer Änderung des Gegenmoments auf der Welle oder einer heftigen Änderung des Drucks im Gasableitsystem (z. B. bei Verwendung der Abgase für die Lagesteuerung eines Flugzeugs) entstehen, ist der Druck p_3 Fluktuationen ausgesetzt. Die Fluktuationen der Temperatur T_3 K sind ebenfalls Folgen der Übergangsprozesse bei Steuerung der Leistung und der Variationen des Drehmoments auf der Welle oder der Druckänderungen im Gasableitsystem.

5.2.2 Variante 1 – Variante mit Übergangsregimes ($p_4 = 1{,}0133$ *bar*, $\psi > 1$): Im Betrieb entstehen durch die heftigen Steuerungen und die äußeren Einwirkungen Übergangsprozesse von einem etablierten Diesel/Brayton-Prozess zum anderen. Dabei können die ohnehin hohen Druck- und Temperaturbelastungen weiter erhöht werden. Die Gefahr eines Druck- und Temperaturausbruchs entsteht zum Beispiel bei starkem Gasgeben. Da im Brennraum ständig Luftüberschuss $\omega = V_V / V_{min} \geq 2$ herrscht, erhöhen sich unter erhöhter Kraftstoffzufuhr Temperatur und Druck des Gases. Der Diesel/Breiton-Prozess bedeutet eine stärkere Ausgabe des Gases aus dem Brennraum, die Drehzahlen und damit der Luftzufluss (wie auch die Wellenleistung) wachsen. Allmählich kehrt dann die Gastemperatur zu den Ausgangswerten des Diesel/Brayton-Prozesses zurück. Eine weitere Ursache für Druck- und Temperaturerhöhungen liegt im Anstieg der Gegendrehmomente auf der Welle (etwa durch äußere Einwirkung). Der in der Brennkammer etablierte Dieselprozess entstellt sich, die Drehzahlen fallen und mit ihnen sowohl der Gasverbrauch aus der Brennkammer als auch die Luftzufuhr aus der Verdichtungsstufe. Es folgen eine Druck- und Temperaturerhöhung, denn der Kraftstoff brennt wegen des Luftüberschusses weiter. Damit richtet sich der Dieselprozess auf einer neuen, erhöhten Druck- und Temperaturebene ein. Steigt gleichzeitig die Kraftstoffzufuhr, steigen die Drehzahlen, Luftzufuhr und Leistung bei erhöhtem Druck des Diesel/Brayton-Prozesses. Die Temperatur kehrt allmählich zu den ursprünglichen Werten (entspricht den Vorbedingungen $\omega = V_V / V_{min} \geq 2$) zurück. Bei erhöhten Temperaturen und Drücken in der Brennkammer, besonders bei Arbeitsübergängen der Maschine unter Maximalleistung, kann die Belastung die Grenze der Festigkeit sogar wärmebeständiger Materialien erreichen, wobei die Gefahr der Hitzeverzehrung und des Leistungsverlusts besteht. Die Varianten mit Übergangsregimen (mit Werten $\psi > 1$) ermöglichen eine Einschätzung der entstehenden Belastungen und erforderlicher Sicherheitsmaßnahmen bei bestimmten Konstruktionselementen sowie eine für die erforderlichen Kapazitäten effektive Nutzung der Kühlsysteme. Die Ausgangsdaten können für tiefer gehende Analysen, Festigkeits- und Wärmeübertragungsberechnungen usw. verwendet werden. **Variante 1**

ist keines der Arbeitsregimes und hat weniger Einfluss auf die Auswahl der Hauptparameter der Maschine.

5.2.3 Varianten 3–5 – Varianten mit speziellen Regimes ($p_4 > 1{,}0133$ *bar*, $\psi \geq 1$): Bei etlichen speziellen Anwendungen der Drehkolbenkraftmaschine mit kontinuierlichem Brennprozess, bspw. als Lagesteuerungssystem von Flugzeugen, hat die Kraftmaschine spezielle Arbeitsregimes, die von hohem Druck p_4 im Gasableitungssystem gekennzeichnet sind. Eine solche Anwendung kann der Einsatz in Triebwerken eines Flugzeugs mit Senkrechtstart/-landung sein (siehe Zusatz 1 zum Skizzenprojekt der Drehkolbenkraftmaschine mit ständigem Brennen). Die Parameter der **Varianten 3–5** können mit dem Berechnungsprogramm ermittelt werden. Auf diese Weise entstehen zahlreiche Bauvarianten der Kraftmaschine, von denen jede Gegenstand der weiteren Analyse sein und somit Erkenntnisse zur Verbesserung der Festigkeitscharakteristik und Wärmefestigkeit liefern kann. Die gemeinsame Vorbedingung besteht darin, dass der Auswahlbereich der Arbeits-, Übergangs- und Spezialregimes durch für die Materialien annehmbare Temperaturen und Drucke limitiert ist. Außerdem besteht eine allgemeine Tendenz wie besprochen darin, dass, je höher die Arbeitstemperaturen und Drücke sind, die Wirkungsgrade der Maschine umso höher und die Abmessungen der Stufen umso kleiner sind. Diese Vorbedingungen sollten die Auswahl der Bauvarianten der Kraftmaschine bestimmen.

5.3 Die kennzeichnenden Eigenschaften der Hauptvariante

5.3.1 Die Berechnungsvariante 0 ist die Variante der Kraftmaschine für die gemeinsame Verwendung: Der Arbeitsbereich kann entsprechend der Bestimmung der Maschine aus dem ganzen berechneten Spektrum der Temperaturen T_3 K und der Drücke p_3 gewählt werden. Die vollständige Ausdehnung des Gases in den Expansionsstufen erfordert beträchtlich größere Abmessungen (d_M, L_M) im Vergleich zur Verdichterstufe (d_K, L_K). Bedingungen für die Konstruktion der Drehkolbenkraftmaschine mit ständigem Brennen des Kraftstoffs sind gleiche Durchmesser der Läufer beider Stufen sowie ein bestimmtes Verhältnis d/L (und zwar $3d \geq L$, siehe Beschreibung der Konstruktion). Deshalb ist eine Auswahl zwischen d_K und d_M nötig. Eine Annahme von d_M als Basis-Durchmesser des Läufers der Nebenrotoren für beide Stufen hätte die Vergrößerung der Querschnittsabmessungen sowie die quadrierte Erhöhung der Gewichte der Maschine zur Folge. Zu diesem Resultat führt nicht nur der größere Durchmesser der Nebenrotoren, sondern auch die entsprechende Vergrößerung des Durchmessers des Hauptrotors im Verhältnis $d/D = 1/3$. Gleichzeitig verkürzen sich die Rotoren der Verdichterstufe und entsprechend des Hauptrotors. Eine Annahme von d_K als Basis-Durchmesser des Läufers der Nebenrotoren für beide Stufen und eine Umrechnung der Länge der Expansionsstufen hätte die Einführung von Zwischenwänden mit Lagern und Kanälen sowie Kühlmitteln in der Mitte der Verdichterstufe zur Folge. Dafür wären zusätzliche Betrachtungen nötig. Hier existiert aber bereits eine Teilung der Expansionsstufe in zwei Unterstufen sowie eine Überführung des Gases von einer Unterstufe zur anderen durch äußere Gasführungen (die inneren Räume der Gasführungen sind ein Teil des gemeinsamen Ausdehnungsraums) (siehe DE 10 2010 005 487.4-15). Dabei bieten sich auch andere nützliche Möglichkeiten zur Verbesserung mancher Eigenschaften der Maschine. Die wichtigsten von ihnen sind folgend beschrieben.

5.3.2 Beide Unterstufen können mit verschiedener Wärmefestigkeit gebaut werden: die erste wärmebeständige Stufe mit **Wärmeschutzabdeckung** und die Verdrängungskämme **ohne Dichtleisten**. Das durch das Laufspiel durchgebrochene Gas wird ohnehin in der zweiten Unterstufe abgearbeitet, in der die Gastemperatur nach teilweiser Ausdehnung in erster Unterstufe schon beträchtlich niedriger sein wird als bei Eintritt aus dem Brennraum. Bei reichlicher Kühlung der Kammerwände und Elemente des Rotors gelangt das Öl in die Kontaktzone der Leisten mit den Kammerwänden. So wird die vollständige Ausnutzung der Gasenergie erreicht.

5.3.3 Das **gemeinsame Drehmoment** beider Teilstufen ist fast gleichförmig und fällt nie bis Null, denn die Rotoren beider Unterstufen sind in einem bestimmten Winkel miteinander verbunden, sodass die Drehmomente beider Unterstufen unter Berücksichtigung des Drehmomentaufwands für die Verdichterstufe einander optimal überdecken.

5.3.4. Die Verkürzung der Rotorlänge führt zur Verringerung der mechanischen Belastungen des Arbeitsdrucks auf die Rotorwellen und Lager. Dazu können die verkürzten Rotoren besser von Kühlsystemen gekühlt werden.

5.3.5 Weil die gemeinsamen Drehmomente niemals bis Null fallen, können die Walzkontakte zwischen den Nebenläufern und dem Hauptläufer durch **Verzahnung über die ganze Länge** ersetzt werden. Diese konstruktive Lösung ist eine wichtige Verbesserung nicht nur der Verkleinerung der Baumasse wegen (die Notwendigkeit eines speziellen Synchronisierungsgetriebes entfällt), vielmehr wird die Gefahr klebenbleibender Verbrennungsrückstände und fester Partikel auf den Oberflächen des Läufers vermieden. Die Läufer bleiben frei von Rückständen, als ob sie sich selbst reinigen, sodass die Sicherheit der Kraftmaschine bei der Arbeit in verschmutzter Atmosphäre vergrößert wird.

5.3.6 Auf allen Betriebsregimen (außer dem maximalen) kann der Gas-Dampf-Zyklus verwendet werden, der zu einer beträchtlichen Steigerung der Wirkungsgrade führt und die Wärmeregime der Maschine verbessert (siehe 4.1.15–4.1.15).

5.3.7 Aufgrund dieser Erwägungen ist die Annahme von d_V als Basisdurchmesser des Nebenläufers für beide Stufen und eine Umrechnung der gemeinsamen Länge der Expansionsstufe auf diesen Durchmesser **die beste Entscheidung**. Als Basisdurchmesser des Nebenläufers d_N kann man auch andere Werte annehmen, muss dann aber auf diesen Durchmesser der Längen sowie der Verdichterstufe und die gemeinsamen Längen der Expansionsstufe umrechnen. Für diese Umrechnung dienen die Gleichungen 1.3.1–1.3.4 (siehe Kapitel 1.3 Abmessungen der Hauptelemente der Drehkolbenkraftmaschine). Der Durchmesser d_N bildet die Basiswert für die Berechnungen der Hauptabmessungen und aller anderen Ausmaße der Drehkolbenkraftmaschine.

5.4 Ermittlung der Abmessungen und der Masse der Kraftmaschine

Für die Dimensionierung der Kraftmaschine sind zunächst der Durchmessers der Nebenrotoren d_N und die inneren Abmessungen der Arbeitskammern der Kraftmaschine – Länge der Verdichterstufe L_V und gemeinsame Länge der Expansionsstufe – zu berechnen. Wie beschrieben ist es zweckmäßig, für d_N den Wert anzunehmen, der gleich ist oder näher zum d_V liegt, und die Stufenlängen auf diesen Durchmesser umzurechnen. Bei Umrechnung der Stufenlängen auf beliebige Durchmesser gilt es, die Beständigkeit der Arbeitsvolumina der Stufen zu bewahren. Aus 1.3.1–1.3.4 folgt:

$$L_V = \frac{V_V}{0{,}0733 \cdot (d_N)^2 \cdot n_N} \qquad (4.4.1)$$

$$L_E = \frac{V_E}{0{,}0733 \cdot (d_N)^2 \cdot n_N} \qquad (4.4.2)$$

Als Beispiel kann die Ermittlung der Abmessungen der Kraftmaschine mit einer Leistung von 100 *kW* gelten.

5.4.1 Ermittlung der Hauptabmessungen

Variante 0: Maximalleistung $P_{w,o}$ = 100 *kW*, Diesel/Brayton-Prozess (ψ = 1), Restdruck im Abgassystem p_4 = 1,1 *bar*, Temperatur des Gases T_3° *K* = 1073°–1173°, Arbeitsdruck p_3 = 10 -13 *bar* (siehe Anhang, Tabelle 0-22). Diese Bedingungen sind gewählt, um günstige Temperaturbedingungen am Anfang der Experimente zu schaffen. In diesem Bereich gelten die Verhältnisse $P_W \geq P_{w,o}$, die Werte des Wirkungsgrads η_e sind hinlänglich hoch für die Anfangsphase der Experimente und die mechanischen und thermischen Belastungen relativ niedrig. Außerdem bestehen Reserve-Berechnungen nach oben/unten sowie rechts/links. Die Berechnungsergebnisse der Dimensionen der Stufen für die Variante 0 sind in den folgenden drei Tabellen aufgeführt. Die Umrechnung der Längen der Verdichter- und Expansionsstufen auf für alle Stufen gemeinsame Durchmesser der Nebenrotoren d_N wird mit den Formeln 1.5.1 und 1.5.2 durchgeführt.

Tabelle 1: Drehzahl der Nebenrotoren n_N = 10 000 *min*$^{-1}$ und des Hauptrotors n_H = 3334 *min*$^{-1}$

Wert	d_V, *m*	d_E, *m*	**V_V** (V1 m³/s)	**V_E** (V4 m³/s)	L_V, *m*	L_E, *m*
untere	0,05482	0,0644	0,2463	0,5871		
obere	0, 0508	0,067	0,2884	0,6616		
mittlere	0,05281	0,0657	0,2674	0,6244		
Auswahl Umrechnung	d_N = 0,06				L_V = 0,1013	L_E = 0,2366

(**V_V** und **V_E**, siehe Anhang, Tabellen 0-5 und 0-8)

Tabelle 2: Drehzahl der Nebenrotoren n_N = 15 000 *min*$^{-1}$ und des Hauptrotors n_H = 5000 *min*$^{-1}$

Wert	d_V, *m*	d_E, *m*	**V_V** (V1 m³/s)	**V_E** (V4 m³/s)	L_V, *m*	L_E, *m*
untere	0,0474	0,0563	0,2463	0,5871		
obere	0,0444	0,0585	0,2884	0,6616		
mittlere	0,0459	0,0574	0,2674	0,6244		
Auswahl Umrechnung	d_N = 0,05				L_V = 0,0973	L_E = 0,2272

(**V_V** und **V_E**, siehe Anhang, Tabellen 0-5 und 0-8) Gasausgabe der Brennkammer

Tabelle 3: Drehzahl der Nebenrotoren $n_N = 20\,000$ *min^{-1}* und des Hauptrotors $n_H = 6667$ *min^{-1}*

Wert	d_V, *m*	d_E, *m*	$\mathbf{V_V}$ (V1 m³/s)	$\mathbf{V_E}$ (V4 m³/s)	L_V, *m*	L_E, *m*
untere	0,0383	0,0511	0,2463	0,5871		
obere	0,0403	0,0532	0,2884	0,6616		
mittlere	0,03329	0,05215	0,2674	0,6244		
Auswahl Umrech-nung	$d_N = 0{,}045$				L_V = 0,0901	$L_E = 0{,}2103$

($\mathbf{V_V}$ und $\mathbf{V_E}$, siehe Anhang, Tabellen 0-5 und 0-8)

5.4.2 Ermittlung von Baumasse und Leistungsvolumina ($K_L = P/\sum V$)

Von den Werten d_N, L_V und L_E ausgehend werden der Durchmesser des Hauptrotors D_H und die restlichen Abmessungen der Maschine berechnet. Aus dem konstruktiven Schema der Drehkolbenkraftmaschine folgt, dass der Durchmesser des Hauptrotors D_H mit dem Nebenrotordurchmesser durch das Verhältnis d/D = 1/3 verbunden ist. Die Durchmesser d_V und D_H sowie die Stufenlängen L_V und L_E bilden die inneren Abmessungen der Kammern. Die Gesamtabmessungen der Kraftmaschine schließen die Stirnwände der Kammern sowie die vorderen und hinteren Decken des Gehäuses mit installierten Lagern, Steuerorganen und Leistungswellen ein. Auch die Lufteinlass- und Gasauslassflanschen mit Leitungen, die Gasüberführungsleitungen zwischen den Unterstufen sowie die aus dem Gehäuse hervorragenden Luftfilter bestimmen die Gesamtabmessungen. Der Kühler des Flüssigkeitskühlsystem muss ebenso berücksichtigt werden, wenn er auf dem Gehäuse installiert ist.
Aufgrund der ermittelten Werte für den Nebenläuferdurchmesser und die Nebenrotorlängen kann die Dimensionierung der Kraftmaschine angegangen werden. Als erster Schritt der groben Definition der Baumasse sowie des Kennwerts der Leistungsvolumina ist das Volumen von vier Zylindern mit einem Durchmesser von 2 d_N und der gemeinsamen Länge $\mathbf{L_\Sigma} = \mathbf{L_V} + \mathbf{L_E}$ dicht zueinander eingelegt zu berechnen. Dieser Wert wird dann verdoppelt, um die Baumasse der oben beschriebenen Elemente zu berücksichtigen. Eine solche grobe Approximation ist ein erzwungener Schritt angesichts der zurzeit fehlenden konstruktiven Ausarbeitung der Maschine und der Systeme und dient einer annähernden Einschätzung von Masse, Volumen und Kennwerten der Leistungsvolumina. Mit diesen Annahmen beträgt das **gesamte Volumen** V_Σ:

$$V_\Sigma = 2 \cdot 4 \cdot \frac{\pi(2d_N)^2}{4} L_\Sigma \; m^3 \qquad (4.4.3)$$

Der Kennwert der Leistungsvolumina beträgt dann:

$$K_V = \frac{P_{W,0}}{V_\Sigma} \; kW/m3 \qquad (4.4.4)$$

5.4.3 Die vorläufige Einschätzung der Masse

Die weitere Approximation führt zur „möglichen“ Masse: Angenommen, das ermittelte Volumen – dicht mit Aluminium gefüllt – mit $\rho_{Al} = 2{,}7$ *kg/dm^3* wäre:

$G_\Sigma = 2{,}7 \times V_\Sigma\ kg$

oder mit Titan mit $\rho_T = 4{,}54\ kg/dm^3$:

$G_\Sigma = 4{,}54 \times V_\Sigma\ kg$

Wenn es auch Hohlräume gibt und Teile aus Stahl und/oder aus Keramik bestehen, würde ein Näherungswert von $\rho = 3{,}5\ kg/dm^3$ eine Gesamtmasse von:

$G_\Sigma = 3{,}5 \times V_\Sigma\ kg$ wahrscheinlich machen. (4.4.5)

Diese Resultate können ausschließlich einem qualitätsmäßigen Vergleich dienen.

5.4.4. Resultate der Ermittlung der Hauptparameter der Kraftmaschine

Die Hauptparameter der Kraftmaschine wurden mit einem Programm für die folgenden vorgegebenen Daten im Berechnungsbeispiel berechnet: Maximalleistung $P_{w,o} = 100\ kW$, Diesel/Breiton-Prozess ($\psi = 1$), Restdruck im Abgassystem $p_4 = 1{,}1\ bar$, Gastemperatur $T_3°\ K = 1073°–1173°$, Arbeitsdruck $p_3 = 10–13\ bar$. In folgende Tabelle sind die Daten der thermodynamischen Berechnungen der Variante 0 eingetragen.

Tabelle 4: Thermodynamische Berechnungen der Variante 0

Variante 0 Leistung P_w=100 *kW* / Drehzahl n_N	ω Luft-Überfluss	d_R, *m*	L_Σ *m*	V_Σ m^3	G_Σ *kg*	Wirkungsgrade η_e	Kraftstoffverbrauch m *kg/h* maximal/ nominal	Leistungsvolumen K_L kW/m^3
10 000 min^{-1}	2,8618	0,053	0,4333	0,03058	107	0,4568–0,4774	22,35/ 16,73	3270,1
15 000 min^{-1}	2,8618	0,046	0,3833	0,02312	80,9	0,4568–0,4774	22,35/ 16,73	4325,3
20 000 min^{-1}	2,8618	0,04	0,3802	0,01528	53,5	0,4568–0,4774	22,35/ 16,73	6544,5

Eine Drehkolbenkraftmaschine mit solchen Werten K_L ist mit einer Gasturbine (ca. 8000 kW/m^3) vergleichbar und übersteigt die Werte herkömmlicher Kolbenmaschinen (ca. 200 kW/m^3) deutlich. Damit ist gezeigt, dass die Drehkolbenkraftmaschine mit ständigem Brennen ähnliche Leistungsvolumina wie eine Turbine vorweisen kann, dagegen aber einfacher in der Herstellung und ungefähr dreimal ökonomischer im Betrieb ist. Es können beliebige flüssige oder gasförmige Kraftstoffe angewendet werden. [10, s P72, R85]
Bei der weiteren Entwicklung der Konstruktion sind eine Effektivitätssteigerung der Kühlsysteme und eine Erhöhung der Arbeitstemperaturen und -drücke möglich (begleitet mit einer Verkleinerung des Werts ω). Damit werden die Wirkungsgrade gesteigert und der Kraftstoffverbrauch vermindert und so auch eine Erhöhung der Drehzahlen und folglich eine Erhöhung der Leistung unter Beibehaltung der ursprünglichen Ausmaße, d. h. Forcieren, erreicht. Der Kennwert $\mathbf{K_L}$ kW/m^3 bei Erhöhung der Gastemperatur nur auf 100° und Drehzahlen bis 20 000 min^{-1} (in dem Bereich $T_3°\ K = 1173°–1273°$) erlangt die Werte von Gasturbinen. Bei weiterer Erhöhung der Gastemperatur kann der Kennwert des Leistungsvolumens $\mathbf{K_L}$ die Werte für Gasturbinen sogar übertreffen.

ANHANG: TABELLEN UND DIAGRAMME

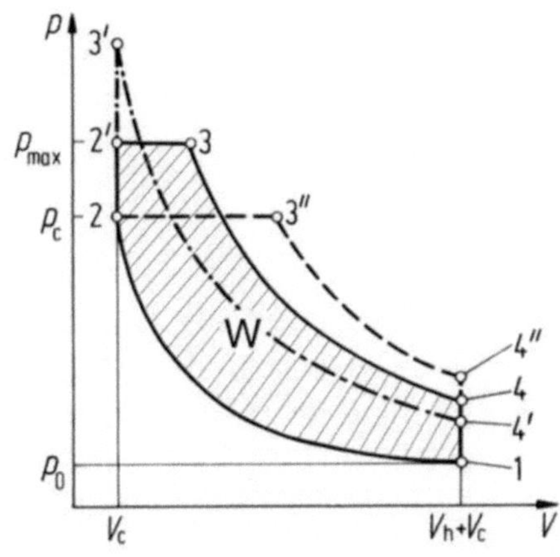

Carnot-Prozess

	Parameter:	DREHKOLBENKRAFTMASCHINE 100 *KW*												
	psi			1										
	p2			7	10	13	16	19	22					
	p3 = psi*p2			7	10	13	16	19	22					
	p4			1,013										
	T°3K	973	1023	1073	1123	1173	1223	1273	1323	1373	1423	1473	1523	1573

Tab. 1 p4 = 1,013 psi = 1

T2 *K*

p2 *bar*													
22	596,6		596,6										
19	576,8		576,8										
16	554,3		554,3										
13	528,4		528,4										
10	497,4		497,4										
7	458,1		458,1										
T3°*K*	973	1023	1073	1123	1173	1223	1273	1323	1373	1423	1473	1523	1573

Tab. 2 T21 *K* p4 = 1,013 psi = 1

p2 *bar*													
22	596,6		596,6										
19	576,8		576,8										
16	554,3		554,3										
13	528,4		528,4										
10	497,4		497,4										
7	458,1		458,1										
T3°*K*	973	1023	1073	1123	1173	1223	1273	1323	1373	1423	1473	1523	1573

Tab. 3

p4 = 1,013 psi = 1

			T4 *K*										
p2 *bar*													
22	536,3	563,8	591,4	619	646,5	674,1	701,6	729,2	756,8	784,3	811,9	839,4	867
19	551,7	580,1	608,4	636,8	665,1	693,5	721,8	750,2	778,5	806,9	835,2	863,6	891,9
16	570,4	599,7	629	658,3	687,6	716,9	746,2	775,6	804,9	834,2	863,5	892,8	922,1
13	593,8	624,3	654,8	685,3	715,8	746,3	776,8	807,4	837,9	868,4	898,9	929,4	959,9
10	624,7	656,8	688,9	721	753,1	785,2	817,3	849,4	881,5	913,6	945,7	977,8	1010
7	669,4	703,8	738,1	772,5	806,9	841,3	875,7	910,1	944,5	978,9	1013	1048	1082
T3°*K*	973	1023	1073	1123	1173	1223	1273	1323	1373	1423	1473	1523	1573

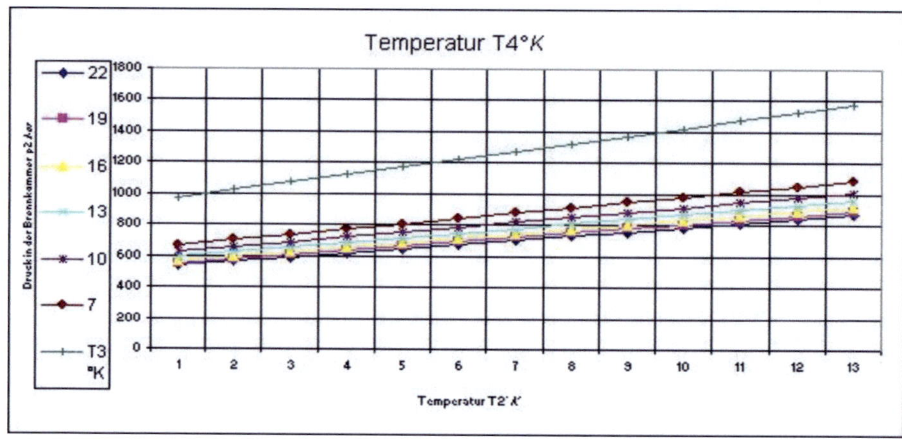

Tab. 4

m *kg/s*

p4 = 1,013 psi = 1

p2 *bar*													
22	0,481	0,419	0,371	0,333	0,302	0,277	0,255	0,237	0,221	0,207	0,194	0,183	0,174
19	0,461	0,405	0,361	0,325	0,296	0,272	0,251	0,234	0,218	0,205	0,193	0,182	0,173
16	0,442	0,391	0,351	0,318	0,291	0,268	0,248	0,231	0,217	0,204	0,192	0,182	0,173
13	0,424	0,378	0,341	0,311	0,286	0,264	0,246	0,23	0,215	0,203	0,192	0,182	0,173
10	0,408	0,367	0,334	0,306	0,282	0,262	0,244	0,229	0,215	0,203	0,193	0,183	0,174
7	0,396	0,359	0,329	0,303	0,281	0,262	0,246	0,231	0,218	0,206	0,196	0,187	0,178
T3°*K*	973	1023	1073	1123	1173	1223	1273	1323	1373	1423	1473	1523	1573

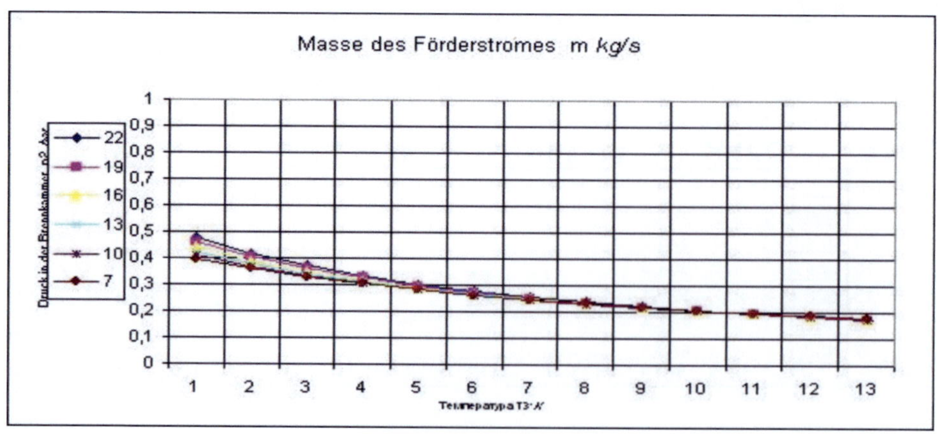

Tab. 5 p4 = 1,013 psi = 1

V1 *m³/s*

p2 **bar**													
22	0,404	0,353	0,312	0,28	0,254	0,233	0,215	0,199	0,186	0,174	0,164	0,154	0,146
19	0,388	0,341	0,304	0,274	0,249	0,229	0,212	0,197	0,184	0,172	0,162	0,154	0,146
16	0,372	0,329	0,295	0,268	0,245	0,225	0,209	0,195	0,182	0,171	0,162	0,153	0,145
13	0,357	0,318	0,287	0,262	0,241	0,222	0,207	0,193	0,181	0,171	0,161	0,153	0,146
10	0,344	0,309	0,281	0,257	0,237	0,22	0,206	0,193	0,181	0,171	0,162	0,154	0,147
7	0,333	0,302	0,277	0,255	0,237	0,221	0,207	0,194	0,183	0,174	0,165	0,157	0,15
T3*K*	973	1023	1073	1123	1173	1223	1273	1323	1373	1423	1473	1523	1573

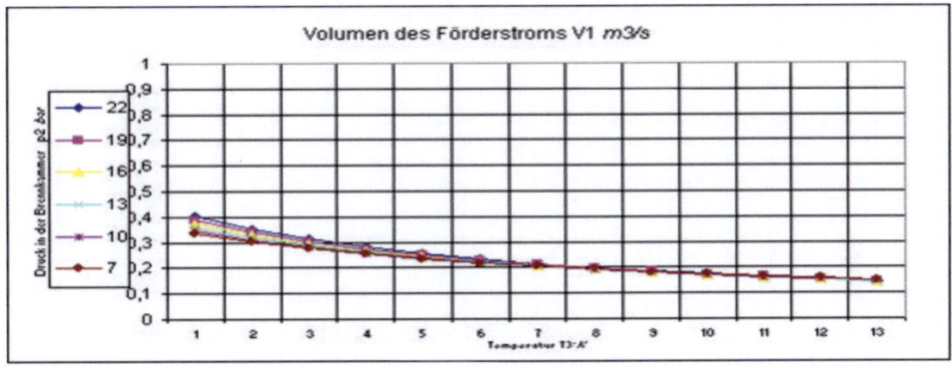

Tab. 6 p4 = 1,013 psi = 1

V2 *m³/s*

p2 *bar*													
22	0,04	0,034	0,031	0,027	0,025	0,023	0,021	0,019	0,018	0,017	0,016	0,015	0,014
19	0,042	0,037	0,033	0,03	0,027	0,025	0,023	0,022	0,02	0,019	0,018	0,017	0,016
16	0,046	0,041	0,037	0,033	0,031	0,028	0,026	0,024	0,023	0,021	0,02	0,019	0,018
13	0,052	0,047	0,042	0,038	0,035	0,033	0,03	0,028	0,027	0,025	0,024	0,022	0,021
10	0,062	0,055	0,05	0,046	0,043	0,04	0,037	0,035	0,033	0,031	0,029	0,028	0,026
7	0,079	0,071	0,065	0,06	0,056	0,052	0,049	0,046	0,043	0,041	0,039	0,037	0,035
T°3*K*	973	1023	1073	1123	1173	1223	1273	1323	1373	1423	1473	1523	1573

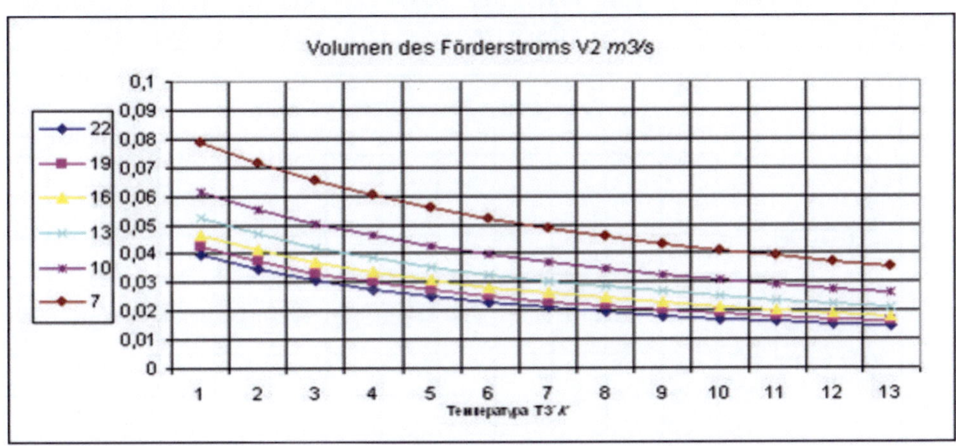

Tab. 7

p4 = 1,013 psi = 1

V3 m^3/s

p2 *bar*													
22	0,064	0,059	0,055	0,052	0,049	0,047	0,045	0,043	0,042	0,041	0,039	0,039	0,038
19	0,072	0,066	0,062	0,058	0,056	0,053	0,051	0,049	0,048	0,047	0,045	0,044	0,043
16	0,082	0,076	0,071	0,068	0,065	0,062	0,06	0,058	0,056	0,055	0,054	0,053	0,052
13	0,096	0,09	0,086	0,082	0,078	0,075	0,073	0,071	0,069	0,067	0,066	0,065	0,063
10	0,121	0,114	0,109	0,104	0,1	0,097	0,094	0,092	0,09	0,088	0,086	0,085	0,083
7	0,167	0,159	0,153	0,148	0,143	0,139	0,136	0,132	0,13	0,127	0,125	0,123	0,121
T°3**K**	973	1023	1073	1123	1173	1223	1273	1323	1373	1423	1473	1523	1573

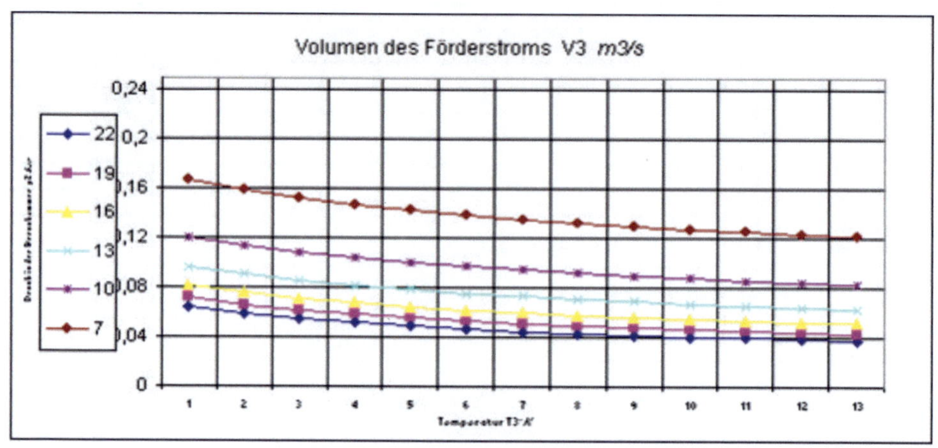

Tab. 8

p4 = 1,013 psi = 1

V4 m^3/s

p2 *bar*													
22	0,772	0,707	0,657	0,618	0,585	0,559	0,536	0,517	0,5	0,485	0,472	0,461	0,451
19	0,761	0,703	0,657	0,62	0,59	0,565	0,544	0,525	0,509	0,495	0,483	0,472	0,462
16	0,755	0,702	0,661	0,627	0,599	0,575	0,555	0,537	0,522	0,509	0,497	0,486	0,477
13	0,754	0,707	0,67	0,639	0,613	0,591	0,572	0,555	0,541	0,528	0,516	0,506	0,497
10	0,764	0,722	0,688	0,66	0,636	0,616	0,598	0,582	0,569	0,556	0,546	0,536	0,527
7	0,794	0,757	0,727	0,701	0,679	0,66	0,644	0,629	0,617	0,605	0,595	0,585	0,577
T3°*K*	973	1023	1073	1123	1173	1223	1273	1323	1373	1423	1473	1523	1573

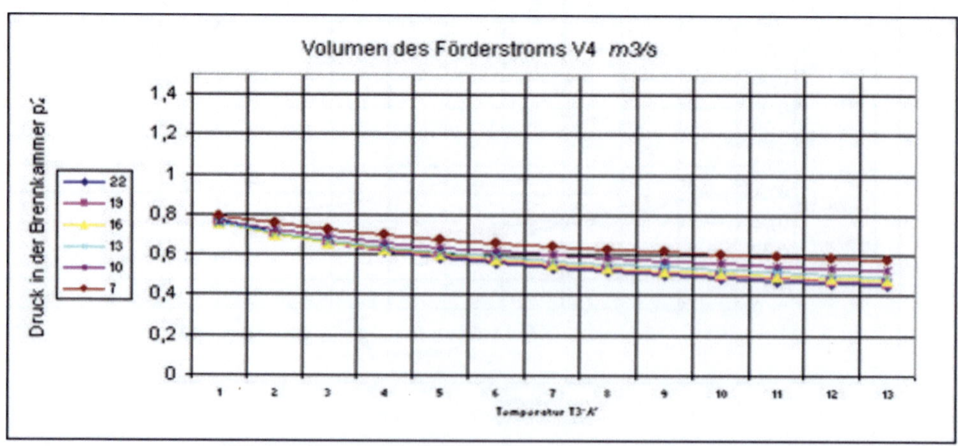

Tab. 9 p4 = 1,013 psi = 1

xPv = xP12 *kW*

p2 *bar*													
22	189,3	165	146,2	131,3	119,1	109	100,5	93,19	86,89	81,39	76,54	72,24	68,39
19	169,5	148,8	132,7	119,7	109	100,1	92,51	86	80,35	75,39	71,01	67,11	63,62
16	149,5	132,3	118,7	107,6	98,38	90,63	84,01	78,29	73,31	68,91	65,02	61,54	58,42
13	129,1	115,1	103,9	94,68	86,95	80,39	74,75	69,85	65,56	61,76	58,37	55,34	52,61
10	107,6	96,75	87,9	80,53	74,31	68,97	64,35	60,31	56,75	53,59	50,76	48,21	45,91
7	83,85	76,09	69,64	64,2	59,54	55,52	52,01	48,91	46,16	43,7	41,5	39,5	37,69
T°3*K*	973	1023	1073	1123	1173	1223	1273	1323	1373	1423	1473	1523	1573

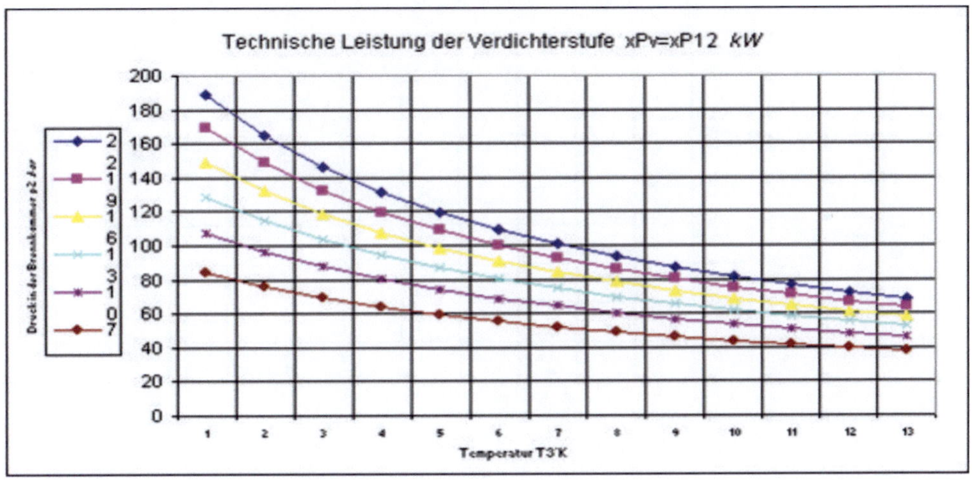

Tab. 10 p4 = 1,013 psi = 1

P23 *kW*

p2 *bar*													
22	-54,9	-54,2	-53,7	-53,2	-52,9	-52,6	-52,3	-52,1	-52	-51,8	-51,7	-51,5	-51,4
19	-55,4	-54,8	-54,3	-53,9	-53,6	-53,4	-53,1	-52,9	-52,8	-52,6	-52,5	-52,4	-52,3
16	-56,1	-55,6	-55,2	-54,9	-54,6	-54,3	-54,1	-54	-53,8	-53,7	-53,6	-53,5	-53,4
13	-57,2	-56,8	-56,4	-56,1	-55,9	-55,7	-55,5	-55,4	-55,2	-55,1	-55	-54,9	-54,8
10	-58,9	-58,6	-58,3	-58	-57,8	-57,6	-57,5	-57,4	-57,2	-57,1	-57	-57	-56,9
7	-61,9	-61,6	-61,4	-61,2	-61	-60,9	-60,7	-60,6	-60,5	-60,4	-60,3	-60,3	-60,2
T3°*K*	973	1023	1073	1123	1173	1223	1273	1323	1373	1423	1473	1523	1573

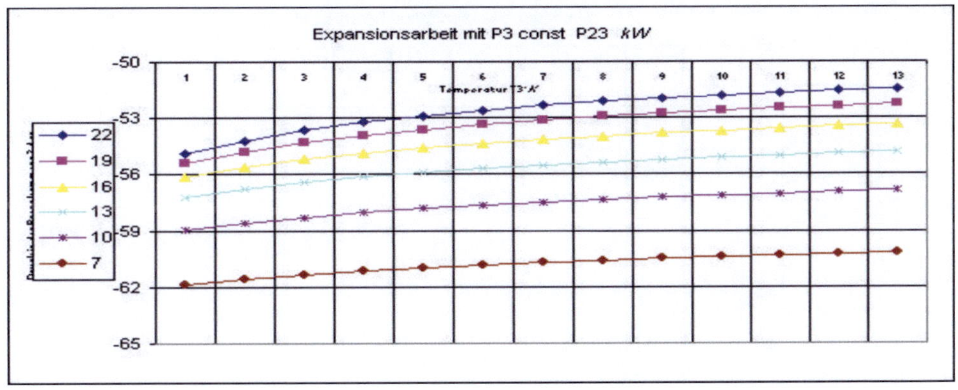

Tab. 11

p4 = 1,013 psi = 1

PE = P34 *kW*

p2 *bar*													
22	-265	-243	-226	-212	-201	-192	-184	-178	-172	-167	-162	-158	-155
19	-245	-227	-212	-200	-190	-182	-175	-169	-164	-160	-156	-152	-149
16	-225	-209	-197	-187	-178	-171	-165	-160	-156	-152	-148	-145	-142
13	-203	-191	-181	-172	-165	-159	-154	-150	-146	-142	-139	-137	-134
10	-180	-170	-162	-155	-150	-145	-141	-137	-134	-131	-128	-126	-124
7	-152	-145	-139	-134	-130	-127	-123	-121	-118	-116	-114	-112	-110
T3°*K*	973	1023	1073	1123	1173	1223	1273	1323	1373	1423	1473	1523	1573

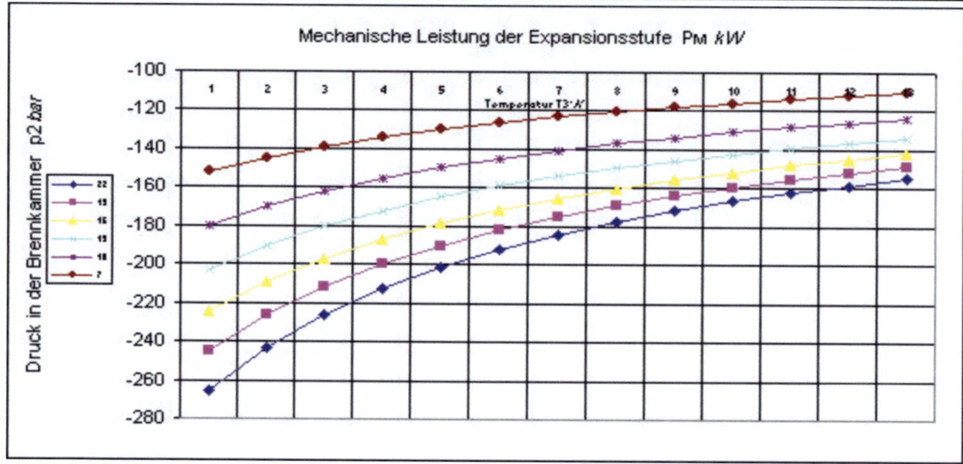

Tab. 12

p4 = 1,013 psi = 1

Pw *kW*

p2 bar													
22	-131	-132	-133	-134	-135	-136	-136	-137	-137	-137	-138	-138	-138
19	-131	-133	-133	-134	-135	-135	-136	-136	-137	-137	-137	-137	-138
16	-132	-133	-133	-134	-135	-135	-135	-136	-136	-136	-137	-137	-137
13	-132	-132	-133	-134	-134	-135	-135	-135	-135	-136	-136	-136	-136
10	-131	-132	-132	-133	-133	-134	-134	-134	-134	-135	-135	-135	-135
7	-130	-131	-131	-131	-132	-132	-132	-132	-132	-133	-133	-133	-133
T3°*K*	973	1023	1073	1123	1173	1223	1273	1323	1373	1423	1473	1523	1573

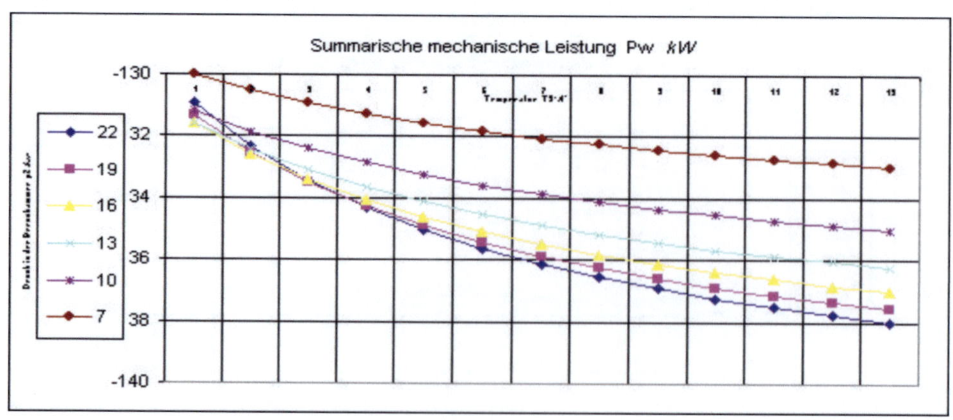

Tab. 13 Qv *kW* p4 = 1,013 psi = 1

p2 *bar*													
22	-47,3	-41,3	-36,6	-32,8	-29,8	-27,3	-25,1	-23,3	-21,7	-20,3	-19,1	-18,1	-17,1
19	-42,4	-37,2	-33,2	-29,9	-27,3	-25	-23,1	-21,5	-20,1	-18,8	-17,8	-16,8	-15,9
16	-37,4	-33,1	-29,7	-26,9	-24,6	-22,7	-21	-19,6	-18,3	-17,2	-16,3	-15,4	-14,6
13	-32,3	-28,8	-26	-23,7	-21,7	-20,1	-18,7	-17,5	-16,4	-15,4	-14,6	-13,8	-13,2
10	-26,9	-24,2	-22	-20,1	-18,6	-17,2	-16,1	-15,1	-14,2	-13,4	-12,7	-12,1	-11,5
7	-21	-19	-17,4	-16	-14,9	-13,9	-13	-12,2	-11,5	-10,9	-10,4	-9,88	-9,42
T3°*K*	973	1023	1073	1123	1173	1223	1273	1323	1373	1423	1473	1523	1573

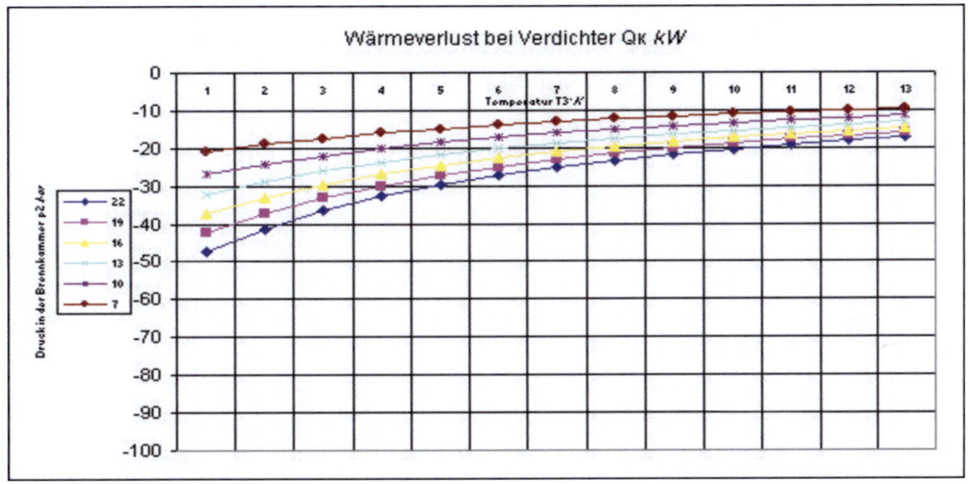

Tab. 14 p4 = 1,013 psi = 1

QE *kW*

p2 *bar*													
22	-64	-59,5	-55,9	-53,1	-50,8	-48,9	-47,3	-45,9	-44,8	-43,7	-42,8	-42	-41,3
19	-60,2	-56,3	-53,2	-50,8	-48,8	-47,1	-45,7	-44,5	-43,4	-42,5	-41,6	-40,9	-40,2
16	-56,2	-53	-50,4	-48,3	-46,6	-45,1	-43,9	-42,8	-41,9	-41,1	-40,3	-39,7	-39,1
13	-52,1	-49,5	-47,4	-45,7	-44,2	-43	-41,9	-41	-40,2	-39,5	-38,8	-38,3	-37,8
10	-47,8	-45,7	-44,1	-42,7	-41,5	-40,5	-39,6	-38,9	-38,2	-37,6	-37,1	-36,6	-36,2
7	-42,8	-41,3	-40,1	-39,1	-38,2	-37,5	-36,8	-36,2	-35,7	-35,3	-34,8	-34,5	-34,1
T3°*K*	973	1023	1073	1123	1173	1223	1273	1323	1373	1423	1473	1523	1573

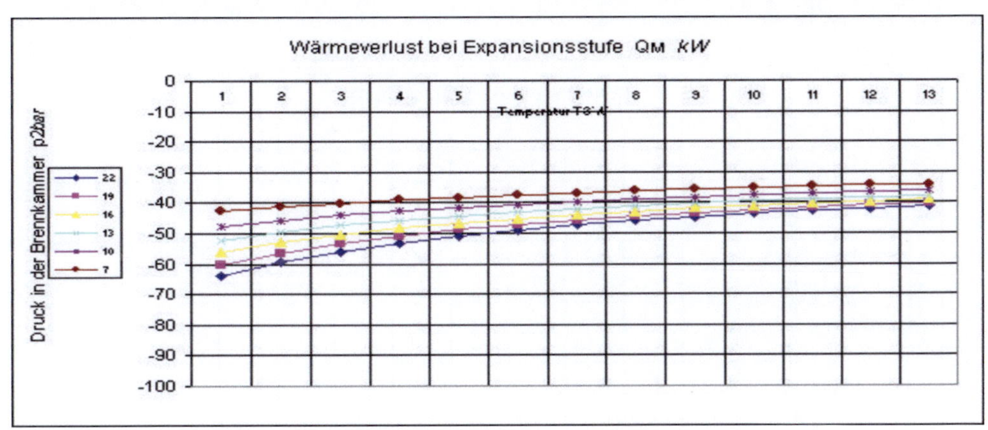

Tab 15 ETA v Seiliger p4 = 1,013 psi = 1

p2 bar													
22	0,639	0,642	0,644	0,647	0,649	0,651	0,653	0,655	0,657	0,658	0,66	0,661	0,663
19	0,624	0,627	0,63	0,632	0,635	0,637	0,639	0,641	0,643	0,644	0,646	0,647	0,649
16	0,606	0,609	0,612	0,615	0,617	0,619	0,621	0,623	0,625	0,627	0,628	0,63	0,631
13	0,583	0,586	0,589	0,592	0,594	0,597	0,599	0,601	0,603	0,605	0,606	0,608	0,609
10	0,552	0,556	0,559	0,561	0,564	0,566	0,569	0,571	0,573	0,575	0,576	0,578	0,58
7	0,506	0,51	0,513	0,516	0,519	0,521	0,524	0,526	0,528	0,53	0,532	0,533	0,535
T3°k	973	1023	1073	1123	1173	1223	1273	1323	1373	1423	1473	1523	1573

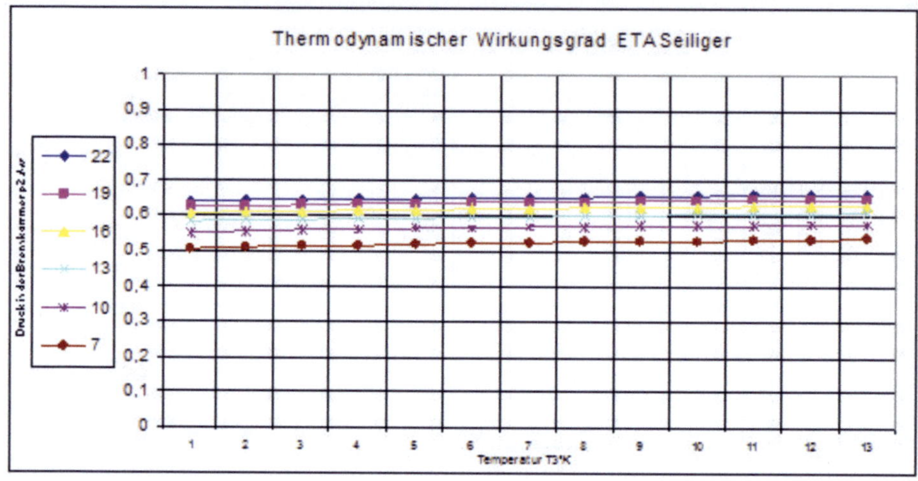

Tab. 16 p4 = 1,013 psi = 1

ETA e

p2 *bar*													
22	0,517	0,52	0,522	0,524	0,526	0,527	0,529	0,531	0,532	0,533	0,535	0,536	0,537
19	0,506	0,508	0,51	0,512	0,514	0,516	0,518	0,519	0,52	0,522	0,523	0,524	0,525
16	0,491	0,494	0,496	0,498	0,5	0,502	0,503	0,505	0,506	0,508	0,509	0,51	0,511
13	0,473	0,475	0,477	0,48	0,482	0,483	0,485	0,487	0,488	0,49	0,491	0,492	0,494
10	0,447	0,45	0,453	0,455	0,457	0,459	0,461	0,462	0,464	0,465	0,467	0,468	0,469
7	0,41	0,413	0,416	0,418	0,42	0,422	0,424	0,426	0,428	0,429	0,431	0,432	0,433
T3°*K*	973	1023	1073	1123	1173	1223	1273	1323	1373	1423	1473	1523	1573

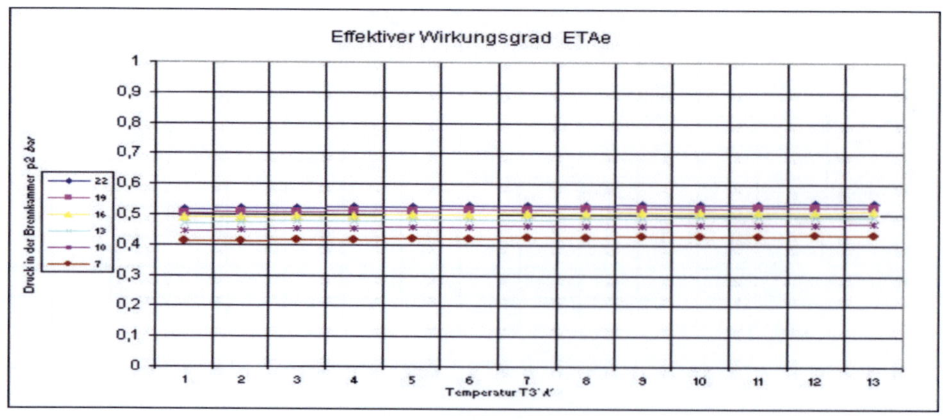

p2 bar													
22	0	0	0	0	0	0	0	0	0	0	0	0	0
19	0	0	0	0	0	0	0	0	0	0	0	0	0
16	0	0	0	0	0	0	0	0	0	0	0	0	0
13	0	0	0	0	0	0	0	0	0	0	0	0	0
10	0	0	0	0	0	0	0	0	0	0	0	0	0
7	0	0	0	0	0	0	0	0	0	0	0	0	0
T°3K	973	1023	1073	1123	1173	1223	1273	1323	1373	1423	1473	1523	1573

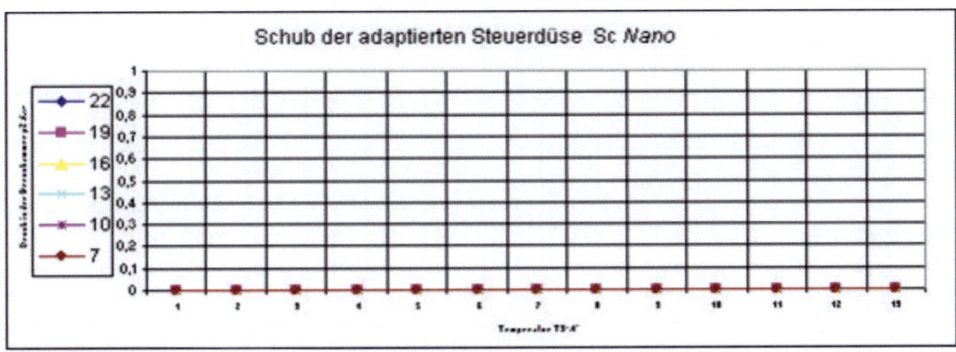

Tab. 18 p4 = 1,013 psi = 1

m1 *kg/h*

p2 bar													
22	17,39	17,32	17,24	17,18	17,12	17,06	17,01	16,96	16,92	16,88	16,84	16,8	16,76
19	17,8	17,72	17,64	17,57	17,51	17,45	17,39	17,34	17,29	17,25	17,2	17,16	17,13
16	18,33	18,24	18,15	18,08	18,01	17,94	17,88	17,83	17,77	17,72	17,68	17,64	17,6
13	19,05	18,95	18,85	18,77	18,69	18,62	18,55	18,49	18,43	18,38	18,33	18,28	18,23
10	20,11	20	19,89	19,79	19,7	19,62	19,54	19,47	19,4	19,34	19,28	19,22	19,17
7	21,94	21,79	21,66	21,54	21,42	21,32	21,22	21,13	21,05	20,97	20,9	20,83	20,77
T°3*K*	973	1023	1073	1123	1173	1223	1273	1323	1373	1423	1473	1523	1573

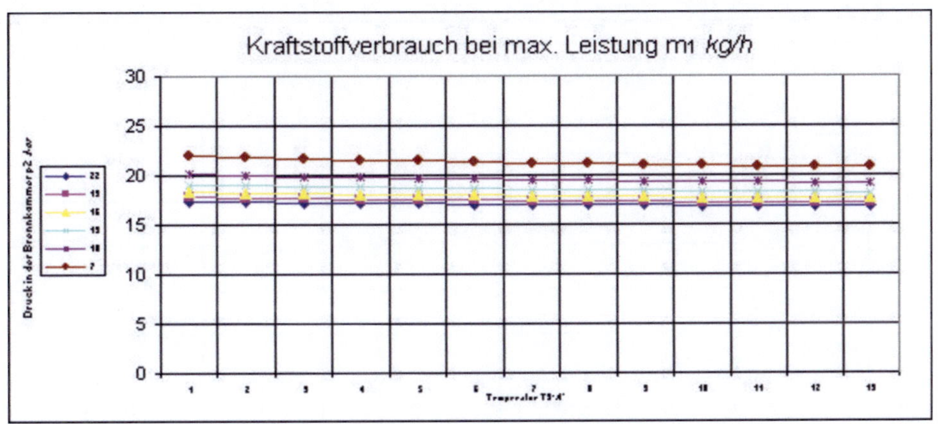

Tab.19 m2 = m1/k1 kg/h p4 = 1,013 psi = 1

p2 bar													
22	13,38	13,32	13,26	13,21	13,17	13,13	13,09	13,05	13,01	12,98	12,95	12,92	12,89
19	13,69	13,63	13,57	13,52	13,47	13,42	13,38	13,34	13,3	13,27	13,23	13,2	13,17
16	14,1	14,03	13,96	13,91	13,85	13,8	13,76	13,71	13,67	13,63	13,6	13,57	13,53
13	14,65	14,57	14,5	14,44	14,38	14,32	14,27	14,22	14,18	14,14	14,1	14,06	14,03
10	15,47	15,38	15,3	15,22	15,15	15,09	15,03	14,98	14,92	14,88	14,83	14,79	14,75
7	16,88	16,76	16,66	16,57	16,48	16,4	16,33	16,26	16,19	16,13	16,08	16,02	15,98
T°3K	973	1023	1073	1123	1173	1223	1273	1323	1373	1423	1473	1523	1573

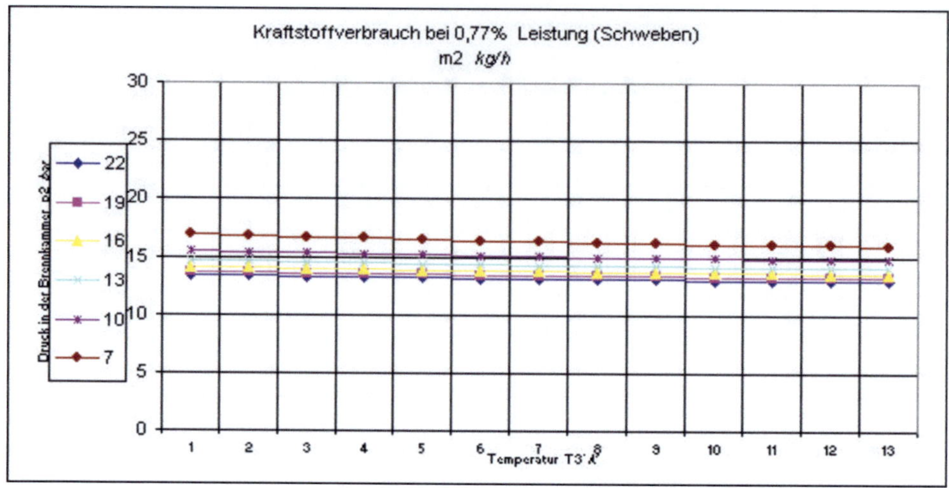

Tab. 20 p4 = 1,013 psi = 1

dK *m*

p2 *bar*													
22	0,05	0,047	0,046	0,044	0,043	0,041	0,04	0,039	0,038	0,037	0,037	0,036	0,035
19	0,049	0,047	0,045	0,044	0,042	0,041	0,04	0,039	0,038	0,037	0,037	0,036	0,035
16	0,048	0,046	0,045	0,043	0,042	0,041	0,04	0,039	0,038	0,037	0,037	0,036	0,035
13	0,048	0,046	0,044	0,043	0,042	0,041	0,04	0,039	0,038	0,037	0,037	0,036	0,035
10	0,047	0,045	0,044	0,043	0,042	0,041	0,04	0,039	0,038	0,037	0,037	0,036	0,035
7	0,047	0,045	0,044	0,043	0,042	0,041	0,04	0,039	0,038	0,037	0,037	0,036	0,036
T°3*K*	973	1023	1073	1123	1173	1223	1273	1323	1373	1423	1473	1523	1573

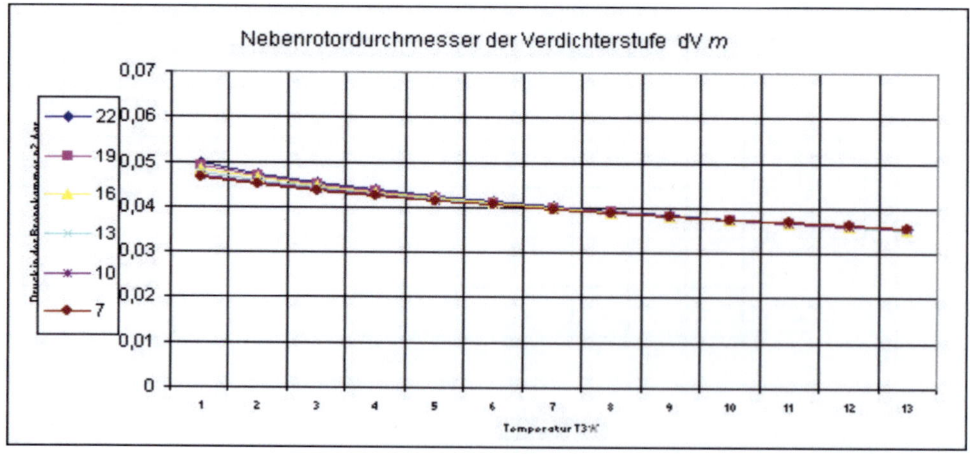

Tab.21 dM *m* p4 = 1,013 psi = 1

p2 *bar*													
22	0,062	0,06	0,058	0,057	0,056	0,055	0,055	0,054	0,053	0,053	0,052	0,052	0,052
19	0,061	0,06	0,058	0,057	0,056	0,056	0,055	0,054	0,054	0,053	0,053	0,052	0,052
16	0,061	0,06	0,059	0,057	0,057	0,056	0,055	0,055	0,054	0,054	0,053	0,053	0,052
13	0,061	0,06	0,059	0,058	0,057	0,056	0,056	0,055	0,055	0,054	0,054	0,054	0,053
10	0,061	0,06	0,059	0,058	0,058	0,057	0,057	0,056	0,056	0,055	0,055	0,055	0,054
7	0,062	0,061	0,06	0,06	0,059	0,059	0,058	0,058	0,057	0,057	0,056	0,056	0,056
T°3*K*	973	1023	1073	1123	1173	1223	1273	1323	1373	1423	1473	1523	1573

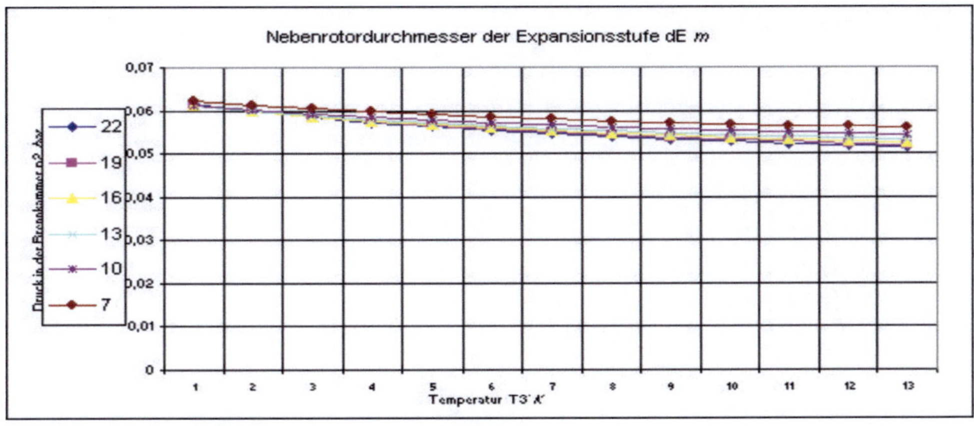

Tab. 22 Luftüberfluss p4 = 1,013

w

p2 *bar*													
22	6,767	5,924	5,272	4,751	4,326	3,972	3,672	3,416	3,193	2,991	2,813	2,673	2,536
19	6,339	5,593	5,008	4,535	4,146	3,82	3,542	3,302	3,094	2,903	2,734	2,603	2,473
16	5,905	5,252	4,732	4,307	3,954	3,656	3,4	3,179	2,985	2,806	2,648	2,526	2,403
13	5,455	4,892	4,436	4,061	3,745	3,476	3,244	3,041	2,863	2,697	2,549	2,437	2,323
10	4,972	4,498	4,109	3,783	3,506	3,269	3,062	2,88	2,719	2,568	2,432	2,331	2,226
7	4,419	4,037	3,718	3,447	3,214	3,012	2,834	2,676	2,536	2,401	2,28	2,193	2,099
T°3*K*	973	1023	1073	1123	1173	1223	1273	1323	1373	1423	1473	1523	1673

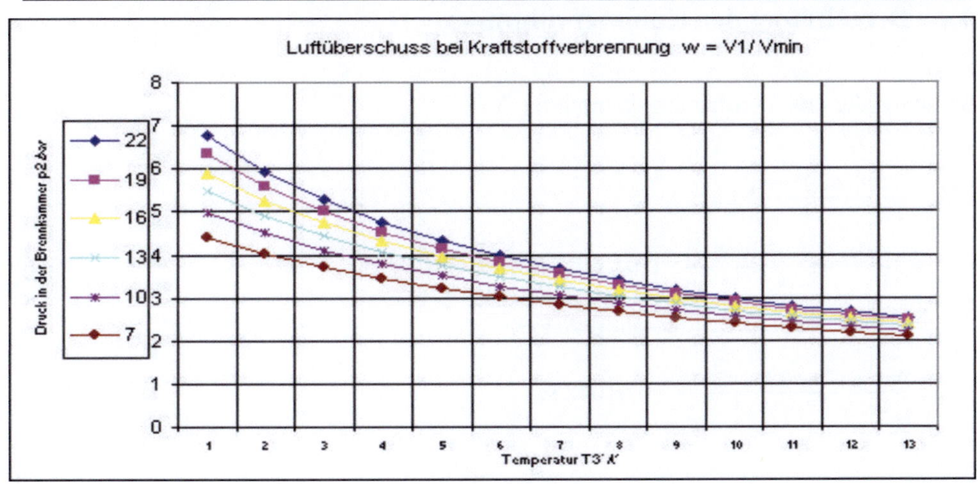

WEITERE FORSCHUNGEN

1 Berechnung der Druckschwankungen in der Brennkammer (/Umdrehung)

1.1 Eingangsdaten

Die Eingangsdaten sind dem thermodynamischen Berechnungsbeispiel für Drehkolbenkraftmaschinen mit kontinuierlichem Brennprozess entnommen (siehe Tabellen 4.4.1 und 4.4.4).

n_H/n_N = 3333/10 000
min^{-1}): W = 100 *kW*
(133 *PS*), p_1 = 1, 0133
bar (Atmosphäre),
T_1° *K* = 297°, T_3° *K* = 1073–1173°
Arbeitsdruck p_3 = 7 *bar*, 15 *bar*, 22 *bar*

Die Abmessungen der Maschine (siehe Abbildungen 4 und 6) gestalten sich wie folgt:

Durchmesser des Nebenrotors	d_N = 0,053 *m* (Abbildung 1, Position 4)
Länge der Verdichterstufe	L_V = 0,13 *m* (Abbildung 1, Position 5)
Länge der Expansionsstufe	L_E = 0,3033 *m* (Abbildung 1, Position 7)
Hauptrotordurchmesser	D = 0,159 *m* (Abbildung 1, Position 11)
Durchmesser des Brennrohrs (D/2)	d_{Br} = 0,0795 *m* (Abbildung 1, Position 19)
Länge des Brennrohrs ($L_V + L_E$) (effektiver Teil)	L_{Br} = 0,4333 *m* (Abbildung 1, Position 19)

1.2 Berechnung der Kammervolumina

Volumen der drei Verdichtungskammern (5)

$$V_V = 3\frac{3}{4}\frac{\pi\left[(2d_N)^2 - d_N^2\right]}{4} L_V \qquad \text{(s.1.2.1)}$$

$$= 3\frac{3}{4}\frac{\pi\left[(2\cdot 0{,}053)^2 - 0{,}053^2\right]}{4} \cdot 0{,}013 = 0{,}004465\ m^3$$

Volumen der drei Expansionskammern (7)

$$V_E = \frac{V_V\, L_E}{L_V} = \frac{0{,}004465\cdot 0{,}3033}{0{,}13} = 0{,}01042\ m^3$$

Volumen des Hauptrotors (11) abzüglich der Vertiefungen im Hauptrotor – Koeffizient $\frac{3}{4}$

$$V_H = \frac{3}{4}\frac{\pi D^2}{4}(L_V + L_E) = \frac{3}{4}\frac{3{,}14 \cdot 0{,}159^2}{4}(0{,}13 + 0{,}3033) = 0{,}006449\ m^3$$

Volumen des Brennrohrs (19)

$$V_{Br} = \frac{3}{4}\frac{\pi d_{Br}{}^2}{4} L_{Br} = \frac{3}{4}\frac{3{,}14 \cdot 0{,}0795^2}{4} \cdot 0{,}4333 = 0{,}001612\ m^3$$

Volumen der Speicherkammern (42)

$$V_{Sp} = V_H - V_{Br} = 0{,}006449 - 0{,}001612 = 0{,}004837\ m^3$$

1.3 Erhöhung des Drucks im Hauptrotor wegen Einlasses verdichteter Luft

Volumen der drei Luftportionen nach adiabatischer Verdichtung

$$V_2 = V_1 \left(\frac{T_1}{T_2}\right)^{\frac{1}{x-1}} \qquad T_2 = T_1 \left(\frac{p_2}{p_1}\right)^{\frac{x-1}{x}} \qquad V_1 = V_V,\ x = 1{,}3$$

Arbeitsdruck p_3 =7*bar*	Arbeitsdruck p_3 = 15 *bar*	Arbeitsdruck p_3 = 22 *bar*
$T_2 = 297 \cdot \left(\frac{7}{1{,}0133}\right)^{\frac{1{,}3-1}{1{,}3}} = 444°K$	$T_2 = 297 \cdot \left(\frac{15}{1{,}0133}\right)^{\frac{1{,}3-1}{1{,}3}} = 553°K$	$T_2 = 297 \cdot \left(\frac{22}{1{,}0133}\right)^{\frac{1{,}3-1}{1{,}3}} = 604°K$
$V_2 = 0{,}004465 \cdot \left(\frac{297}{444}\right)^{\frac{1{,}3}{1{,}3-1}}$	$V_2 = 0{,}004465 \cdot \left(\frac{297}{553}\right)^{\frac{1{,}3}{1{,}3-1}}$	$V_2 = 0{,}004465 \cdot \left(\frac{297}{604}\right)^{\frac{1{,}3}{1{,}3-1}}$
$V_2 = 0{,}001169\ m$	$V_2 = 0{,}0005496\ m^3$	$V_2 = 0{,}0004191\ m$

Unterwegs kann man den Teil der Verdichterstufe berechnen, der komprimierte Luft vor seinem Ausstoß in den Speicherraum beansprucht.

$$\theta = \frac{V_2}{V_V} \cdot 100\% L_V$$

$\theta = \frac{0{,}001169}{0{,}004465} \cdot 100\% L_V = 26{,}2\%\ L_V$	$\theta = \frac{0{,}0005496}{0{,}004465} \cdot 100\% L_V = 12{,}31\%\ L_V$	$\theta = \frac{0{,}0004191}{0{,}004465} \cdot 100\% L_V = 9{,}39\%\ L_V$

Summarisches Luftvolumen:
Die neue Portion der Druckluft fließt nach der Komprimierung in den Speicher (42). Die Temperatur liegt im Bereich $T°K = 444° \div 604°$ ($\approx 170 \div 330°$ C), je nach Komprimierungsdruck.

$V_\Sigma = V_{Sp} + V_2$	$V_\Sigma = V_{Sp} + V_2$	$V_\Sigma = V_{Sp} + V_2$
$= 0{,}004837 + 0{,}001169$	$= 0{,}004837 + 0{,}0005496$	$= 0{,}004837 + 0{,}0004191$
$= 0{,}006006\ m^3$	$= 0{,}005387\ m^3$	$= 0{,}005256\ m^3$

Erhöhung des Drucks im Speicher (Druckluft + neue Portion der Druckluft):
Im Speicher (42) erhöht sich der Druck (im Vergleich mit Arbeitsdruck):
Adiabate (Kompression): $p_1V_1^x = p_2V_2^x$, $p_2 = \frac{p_1V_1^x}{V_2^x}$, $V_1 = V_\Sigma$, $V_2 = V_{Sp}$

$p_2 = \frac{7 \cdot 0{,}006006^{1,3}}{0{,}004837^{1,3}}$	$p_2 = \frac{15 \cdot 0{,}005387^{1,3}}{0{,}004837^{1,3}}$	$p_2 = \frac{22 \cdot 0{,}005256^{1,3}}{0{,}004837^{1,3}}$
$= 9{,}28\ bar$	$= 18{,}27\ bar$	$= 24{,}5\ bar$

Die Luft mit der Temperatur $T°K = 444° \div 604°$ ($\approx 170 \div 330°$ C) fließt vom Speicher (42) (siehe Abbildung 1, Technisches Projekt) durch die Klappen (18) und Öffnungen (10) des Speichers auf ganzer Länge in die Brennkammer (21), kühlt unterwegs das Brennrohr (19) und schafft damit die Wärmebarriere.

1.4 Prozesse in der Brennkammer

Besonders intensiv fließt Druckluft in den Speicher (42) und von dort durch die Klappen (18) in die Brennkammer (21) dann, wenn aus der Brennkammer die Verteilung des Gases in die Arbeitskammern der ersten der Expansionsunterstufen (7) erfolgt. Dabei erwärmt sie sich durch Verbrennung des Kraftstoffs, vermischt sich mit Gas, dehnt sich aus und ist danach Teil des Förderstroms. Diese zeitliche Abstimmung ist möglich durch eine spezielle Verbindung der Nebenrotoren miteinander (siehe Verbindungsschema der Stufen Bild 10, Technisches Projekt). Laut Gesetz zum **Erhalt** der **Massen ist** die Masse der in die Brennkammer fließenden Luft im kontinuierlichen Prozess gleich der Masse des Arbeitsgases, das in die Expansionsunterstufe (7) fließt. Die Masse des Kraftstoffs wird wegen ihrer Nichtigkeit nicht betrachtet. Anders gesagt: Das Massendebit ist gleich dem Massenkredit.
Im Ergebnis dehnt sich die Druckluftportion V_2 bei Erwärmung von $T_2°K = 458° \div 596°$ bis zur Arbeitstemperatur des Gases $T_3°\ K = 1073° \div 1173°$ aus und fließt in die Expansionsunterstufe (7). Da die zufließende Luft weniger warm ist, sich das Brennen fortsetzt und sich eine Druckerhöhung während der Ausgabepause vollzieht, entstehen die Druckfluktuationen mit einer Frequenz von drei Oszillationen pro Umdrehung des Hauptrotors.

Das Volumen V_3 bildet sich nach Erwärmung des Volumens V_2:

Isobarer Prozess: $\frac{V_2}{V_3} = \frac{T_2}{T_3}$, $V_3 = \frac{V_2T_3}{T_2}$,

dabei die Änderung der Temperaturen (an den oberen Grenzen): $T_2°K = 596°$, $T_3°\ K = 1173°$

$V_3 = \frac{0{,}001169 \cdot 1173}{596}$ $= 0{,}0023\ m^3$	$V_3 = \frac{0{,}0005469 \cdot 1173}{596}$ $= 0{,}001082\ m^3$	$V_3 = \frac{0{,}0004191 \cdot 1173}{596}$ $= 0{,}0008248\ m^3$

Unterwegs kann man den Teil des Ausdehnungsraums der Expansionsstufen berechnen, der Arbeitsgas nach Eintritt vor seiner Ausdehnung beansprucht.

$$\theta = \frac{V_3}{V_M} \cdot 100\%L_E$$

$\theta = \frac{0{,}0023}{0{,}01042} \cdot 100\%L_E$ $= 22{,}07\%\ L_E$	$\theta = \frac{0{,}001082}{0{,}01042} \cdot 100\%L_E$ $= 10{,}38\%\ L_E$	$\theta = \frac{0{,}0008248}{0{,}01042} \cdot 100\%L_E$ $= 7{,}92\%\ L_E$

Debit/Kredit des versetzten Volumens im Hauptrotor:

$\Delta V = V_3 - V_2$ $= 0{,}0023 - 0{,}001169$ $= 0{,}001131\ m^3$	$\Delta V = V_3 - V_2$ $= 0{,}001082 - 0{,}0005496$ $= 0{,}0005324\ m^3$	$\Delta V = V_3 - V_2$ $= 0{,}0008248 - 0{,}0004191$ $= 0{,}0004057\ m^3$

1.5 Druckschwankungen in der Brennkammer bzw. im Hauptrotor

Adiabate (Komprimierung): $\mathbf{p_1 V_1^x = p_2 V_2^x}$, $\mathbf{p_2} = \frac{p_1 V_1^x}{V_2^x}$, $\mathbf{V_1 = V_H}$, $\mathbf{V_2 = V_H - \Delta V}$

$p_2 = \frac{7 \cdot 0{,}006449^{1,3}}{(0{,}006449 - 0{,}001131)^{1,3}}$ $= 8{,}995\ bar$	$p_2 = \frac{15 \cdot 0{,}006449^{1,3}}{(0{,}006449 - 0{,}0005324)^{1,3}}$ $= 16{,}78\ bar$	$p_2 = \frac{22 \cdot 0{,}006449^{1,3}}{(0{,}006449 - 0{,}0004057)^{1,3}}$ $= 23{,}94\ bar$
$\Delta p = \frac{p_2 - 7}{7} \cdot 100\%$ $= \frac{8{,}995 - 7}{7} \cdot 100\%$	$\Delta p = \frac{p_2 - 15}{15} \cdot 100\%$ $= \frac{16{,}78 - 15}{15} \cdot 100\%$	$\Delta p = \frac{p_2 - 22}{22} \cdot 100\%$ $= \frac{23{,}94 - 22}{22} \cdot 100\%$
$\Delta p = 28{,}5\%$	$\Delta p = 11{,}8\%$	$\Delta p = 8{,}8\%$

Schlussfolgerung: Je Umdrehung des Hauptrotors in der Brennkammer (sowie teilweise auch im ganzen Hauptrotorraum) entstehen die Druckschwankungen mit einer Frequenz von drei

Oszillationen und oben berechneter Amplitude. Der Druck erhöht sich zum Moment der Gasausgabe in die Expansionsvorstufe (7) wegen des ständigen Brennens bei Luftüberschuss und fällt zum Ausgabeschluss. Eine ähnliche Fluktuation mit kleinerer Amplitude entsteht danach im Speicherraum. Diese Berechnungen kann man als die erste Iteration betrachten. In der Realität glättet sich die Amplitude bei ständigem Vermischen der Luft mit Gas zwischen sich kommunizierenden Räumen. Die weiteren Untersuchungen ermöglichen es, die Erscheinungen der zweiten Ordnung zu berücksichtigen.

Abbildung 14 illustriert die Druckfluktuationen in der Brennkammer pro Umdrehung des Hauptrotors.

Abbildung 14: Druckfluktuation in der Brennkammer (oben) und im Speicherraum (unten) pro Umdrehung des Hauptrotors

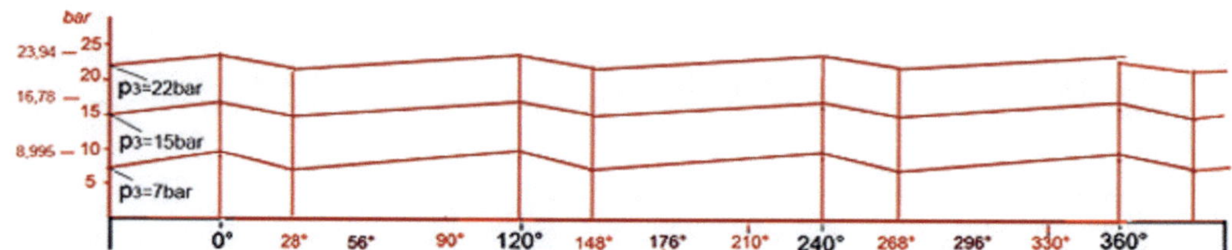

Diagramm der Druckfluktuation in der Brennkammer (binnen einer Umdrehung des Hauptrotors)

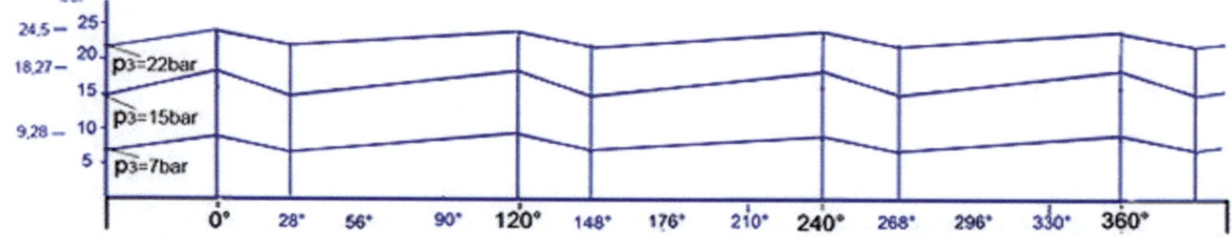

Diagramm der Druckfluktuation im Speicherraum (binnen einer Umdrehung des Hauptrotors)

2 Typischer Drehmomentverlauf auf der Leistungswelle pro Umdrehung des Hauptrotors

Abbildung 15 verdeutlicht die typischen Fluktuationen des Drehmoments der Drehkolbenkraftmaschine, die durch die Massenkräfte geglättet sind. Die absoluten Werte definiert der Arbeitsdruck.

Abbildung 15: Typischer Drehmomentverlauf auf der Leistungswelle

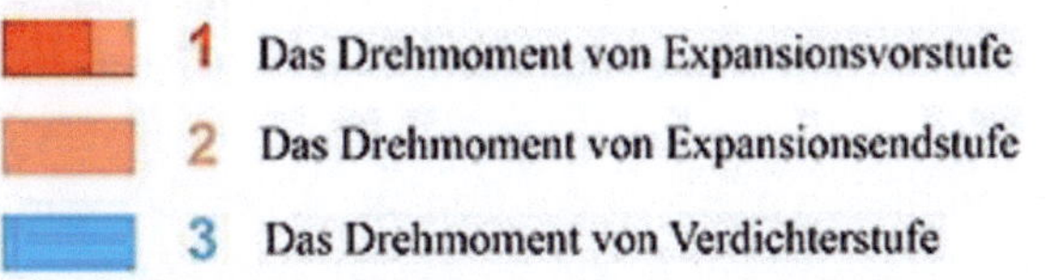

1
92°
0° 28° 56° 90° 120° 148° 176° 210° 240° 268° 296° 330° 360°
2
92°
3
1 + 2 - 3
Der Drehmomentverlauf auf der Leistungswelle bei Mitberechnung der Massenkräfte
0° 120° 240° 360°

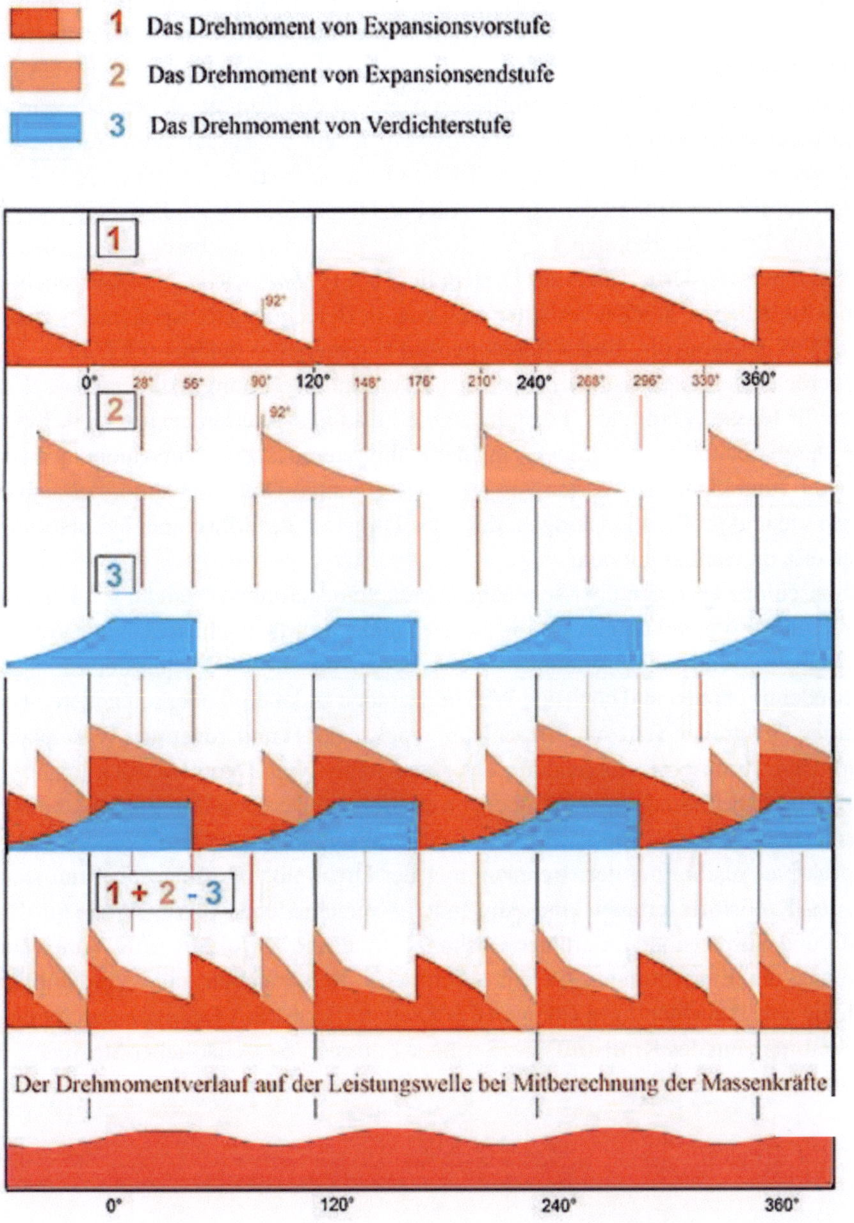

3 Drehkolbenkraftmaschinen für die allgemeine Verwendung nach Leistung

Das Programm mit oben beschriebenem Algorithmus erstellt die Daten beliebiger Varianten der Drehkolbenkraftmaschine nach Leistung, Drehzahlen und angewendeten Konstanten (siehe vorgegebene Daten, Kapitel 3.1). Beim Variieren verschiedener Konstanten kann ihr Einfluss erforscht werden. Ebenso lassen sich die Annahmewerte variieren.
Die Tabellen 5, 6 und 7 zeigen die Parameter der Drehkolbenkraftmaschine nach meistverwendbaren Werten von Leistung und Drehzahlen des Hauptrotors/der Nebenrotoren n_H/n_N = 3334/10 000 min^{-1}, n_H/n_N = 5000/15 000 min^{-1} und n_H/n_N = 6667/20 000 min^{-1}. In den Tabellen sind auch die Daten vorgestellt, die mithilfe der Methode des Kapitels 4.4 erstellt wurden.
Die Daten beschreiben eine Kraftmaschinen für einen sehr günstigen Temperaturbereich des Arbeitsprozesses. Der Luftüberschuss bei der Kraftstoffverbrennung beträgt dabei ω = 3,35–2,66. Er gilt nur für den Anfang der experimentellen Durcharbeitungen. Es ist ein Diesel/Brayton-Prozess im Temperaturbereich T_3° *K* = 1073°–1173° und Druckbereich p_3 = 10–13 *bar* in der Brennkammer. Der Druck im Abgassystem liegt bei 1,1 *bar*, wie sich im Gebrauch zumeist einstellen wird. Alle Konstanten verhalten sich wie im Berechnungsbeispiel angenommen. Die effektiven Wirkungsgrade in diesen Berechnungen betragen η_e = 0,4568–0,4774.
Es ist zu berücksichtigen, dass nach experimenteller Durcharbeitung jede Kraftmaschine bessere Werte für Masse, Verbrauch, Leistung sowie Leistungsvolumen zeigen wird. Bei experimenteller Durcharbeitung mit Verbesserung der Kühlsysteme ist eine Verschiebung zu höheren Temperaturen (und kleineren Werten von ω) sowie erhöhten Drehzahlen möglich, um bessere Wirkungsgrade und größere Leistungen, d. h. das Forcieren der Maschine, bei ursprünglichen Ausmaßen erlangt werden können.
Die Kraftmaschinen verfügen über sogenannte „adaptive Verdichter“ (siehe 5.1.13), eine Verdichterstufe, in der Vorrichtungen für die Steuerung des Luftüberschusses ω vorgesehen sind. Diese universale Modifikation erlaubt es, nach Bedarf den Luftüberschuss ω zu ändern und damit entweder mit hohen und höchsten Wirkungsgraden andauernd oder mit anderen Betriebseigenschaften wie großer Start- und Beschleunigungszugkraft und günstigen Wärmebedingungen zu arbeiten. Auch eine Anwendung des sogenannten Gas-Dampf-Zyklus (siehe 5.1.15), sofern die Betriebsbedingungen es erlauben, ist empfohlen. Der Gas-Dampf-Zyklus steigert die Wirkungsgrade beträchtlich und spart damit Kraftstoff und Schadstoffemission.
Die konstruktive Ausführung der Brennkammer der Drehkolbenkraftmaschine mit ständigem Brennen des Kraftstoffs erlaubt eine Anwendung verschiedener flüssiger und gasförmiger Kraftstoffe und Suspensionen, darunter Gaskonzentrate und Kryokraftstoffe. Eine räumliche Brennkammer mit Einrichtungen für ein ordentliches Pulverisieren, eine Verdampfung und Vermischung sowie ein ständiges Brennen des Kraftstoffs gewährt Bedingungen für eine vollständige Verbrennung des Kraftstoffs bei geringer Emission ökoschädlicher Stoffe.

Tabelle 5: **Drehzahlen der Rotoren n_H/n_N = 3334/10 000 *min^{-1}***

Pw 1PS = 0,75 kW	d_N *m*,	V1 m³/s	V4 m³/s	L_V L_E L_Σ *m* *m* *m*	V_Σ *m^3*	G_Σ *kg*	**m** *kg/h* Max./Nom. (77 %)	K_L *kW*/m³ **P/V_Σ**
50 *kW* (66,7 *PS*)	0,0392	0,1337	0,3222	0,1184+0,2853 = 0,4037	0,0156	54,7	10,9/8,4	3201
75 *kW* (100*PS)*	0,045	0,2005	0,4683	0,1351+0,3155 = 0,4506	0,0229	80,2	16,3/12,5	3275
150 *kW* (299 *PS)*	0,0567	0,401	0,9365	0,1702+0,3974 = 0,5676	0,0458	160,4	32,6/25,1	3273
250 *kW* (333,3 *PS)*	0,0672	0,6684	1,5609	0,2019+0,4716 = 0,6735	0,0764	(321)	54,4/41,8	3272,3
300 *kW* (400 *PS*)	0,0714	0,802	1,8731	0,2146+0.5013 = 0,7159	0,0917	(388)	65,3/46,2	3271,5
400 *kW* (533,3 *PS*)	0,0795	1,0594	2,4974	0,2287+0,5391 = 0,767	0,1219	(427)	87,0/66,9	3281,4
3000 *kW* (4000 *PS*)	0,1539	8,0202	18,731	0,462+1,0789 =1,5409	0,9168	(3208)	652/502	3272,3

(**V_V** und **V_E**, s. Anhang, Tabellen 0-5 und 0-8)

Tabelle 6: **Drehzahlen der Rotoren n_H/n_N = 5000/15 000 *min^{-1}***

Pw 1PS = 0,75 kW	d_N *m*,	V1 m³/s	V4 m³/s	L_V L_E L_Σ *m* *m* *m*	V_Σ *m^3*	G_Σ *kg*	**m** *kg/h* Max./Nom (77%)	K_L *kW*/m³ **P/V_Σ**
50 *kW* (66,7 *PS*)	0,0343	0,1337	0,3222	0,1034+0,2491= 0,3525	0,0104	36,5	10,9/8,4	4798,5
75 *kW* (100*PS)*	0,0393	0,2005	0,4683	0,1181+0,2758 = 0,3839	0,0149	52,1	16,3/12,5	5036,9
150 *kW* (299 *PS)*	0,0495	0,0495	0,9365	0,1488+0,3476 = 0,4964	0,0306	106,9	32,6/25,1	4908,4
250 *kW* (333,3 *PS)*	0,0587	0,6684	1,5609	0,1764+0,4121 = 0,588	0.0509	(178)	54,4/41,8	4908,7
300 *kW* (400 *PS*)	0,0624	0,802	1,8731	0,1873+0.4375 = 0,625	0,0611	(214)	65,3/46,2	4910
400 *kW* (533,3 *PS*)	0,0687	1,0594	2,4974	0,2042+0,4813 = 0,686	0,0813	(285)	87,0/66,9	4921,9
3000 *kW* (4000 *PS*)	0,1344	8,0202	18,731	0,4038+0.9431 = 1,347	0.6112	(2139)	652/502	4908,5

(**V_V** und **V_E**, s. Anhang, Tabellen 0-5 und 0-8)

Tabelle 7: Drehzahlen der Rotoren n_H/n_N = 6667/20 000 min^{-1}

Pw 1PS = 0,75kW	d_N *m*,	V1 m³/s	V4 m³/s	L_V L_E L_Σ *m* *m* *m*	V_Σ m^3	G_Σ *kg*	**m** *kg/h* Max./Nom. (77 %)	K_L *kW*/m³ **P/V**$_\Sigma$
50 *kW* (66,7 *PS*)	0,0312	0,1337	0,3222	0,0937+0,2258 = 0,319	0,0079	27,6	10,9/8,4	6345,2
75 *kW* (100*PS*)	0,0357	0,2005	0,4683	0,1073+0,2506 = 0,358	0,0115	40,1	16,3/12,5	6544,5
150 *kW* (299 *PS*)	0,045	0,401	0,9365	0,1351+0,3155 = 0,4506	0,0229	80,2	32,6/25,1	6544,5
250 *kW* (333,3 *PS*)	0.0533	0,6684	1,5609	0,1605+0.3748 = 0,5353	0,0382	133,7	54,4/41,8	6544,5
300 *kW* (400 *PS*)	0,0567	0,802	1,8731	0,1702+0.3974 = 0,5676	0,0458	(160)	65,3/46,2	6544,5
400 *kW* (533,3 *PS*)	0,0624	1,0594	2,4974	0,1856+0,4375 = 0,623	0.0609	(213)	87,0/66,9	6562,8
3000 *kW* (4000 *PS*)	6563	8,0202	18,731	0,367+0,857 = 1,224	0,4584	(1604)	652/502	6544,6

(V_V und V_E, s. Anhang, Tabellen 0-5 und 0-8)

Die tatsächlichen Massen der Drehkolbenkraftmaschine bei großen Leistungen (in Klammern) werden von den vorgeführten Werten nach unten abweichen. Die angewendete grobe Methode erlaubt es nicht, diese Abweichungen zu kalkulieren.

4 Verbrauchernutzen

Die Drehkolbenkraftmaschine mit ständigem Brennen des Kraftstoffs als Triebwerkstyp hat das Potenzial, die ökonomisch und ökologisch veraltete Triebwerktechnik zu ersetzen und alle Bereiche der Volkwirtschaft auf eine neue Qualitätsebene zu hieven. **Für Verbraucher hat ein Einsatz der Drehkolbenkraftmaschine folgende Vorteile:**

1. Sie bedeutet einen neuen Zustand der Transport- und anderer Techniken durch eine Verbesserung der Hauptfunktionen und Nutzungseigenschaften wie erhöhter Komfort und Autonomie für einzelne Verbraucher oder eine erhöhte Flug- und Transportreichweite.
2. Sie führt zur Erhöhung der Energieeffizienz im Transport- und Energiewesen und in Bereichen der Dienstleistungen und Betreuung.
3. In diversen Bereichen der Automobilindustrie, Luftfahrt, Schienen- und Schifffahrt bis zur Energiemaschinenbranche können die Kosten entlang der Wertschöpfungskette dank der ökonomischen und ökologischen Eigenschaften der Drehkolbenkraftmaschine reduziert

werden. Ebenso sind eine preiswerte und umweltfreundliche Wartung und Ausnutzung der verschiedene Stoffe möglich.

4. Bisher sind in Luftfahrt, Meerestransport, Energiebranche usw. komplizierte und kostspielige Turbinen im Einsatz. Anderseits sind schon bald einfache, in Herstellung und Bewirtschaftung günstige Drehkolbenkraftmaschinen mit kontinuierlichem Brennprozess in Reichweite, die diese Turbinen ersetzen können. Bei ähnlicher Leistung sind die Nutzungsgrade bei ihnen zwei- dreimal höher und dadurch der Kraftstoffverbrauch geringer als bei Turbinen. Beliebige flüssige und gasförmige Kraftstoffe sind anwendbar.

5. Im Vergleich mit herkömmlichen Kolben- und Wankelmotoren hat die Drehkolbenkraftmaschine mit kontinuierlichem Brennprozess noch größere Vorteile, darunter die zehnfach kleinere Masse, geringerer Kraftstoffverbrauch und geringere Herstellungskosten. Anwendbar sind beliebige Kraftstoffe. Der Schadstoffausstoß ist reduziert und Abgaslärm ist nicht vorhanden.

Diese Vorteile verdeutlicht folgende Vergleichstabelle. Sie zeigt eine Drehkolbenkraftmaschine mit kontinuierlichem Brennprozess mit einer Leistung von 100 *kW* im Vergleich mit beispielhaft ausgewählten Kolbenmotoren ähnlicher Leistung, namentlich Motoren von Audi A1 1,41 TSFI und Mazda RX-7GSL. Zum Vergleich sind in der Tabelle die Charakteristika einer imaginären Turbine mit einer Leistung von 100 *kW* aufgeführt.

Tabelle 8: **Technische Charakteristika der Drehkolbenkraftmaschine mit kontinuierlichem Brennprozess im Vergleich mit Kolbenmotor, Wankelmotor und Turbine ähnlicher Leistungen**

Leistung	Drehkraftmaschine mit kontinuierlichen Brennprozess 100*KW* / 133*PS*			Kolbenmotor bei Audi A1 1, 4L 90*KW* /120*PS*	Wankelmotor bei Mazda RX-7GSL 101*KW* /135*PS*	Turbine (bedingt) mit Leistung 100*KW*/133*PS*
Drehzahl	n_H / n_B = 3333/10000 min^{-1}	n_H / n_B = 5000/15000 min^{-1}	n_H / n_B = 6666/20000 min^{-}	5000 min^{-1}	6000 min^{-1}	20000 min^{-1}
Leistungsvolumen K_L	3700 KW / m^3	5550 KW / m^3	7430 KW / m^3	200 KW / m^3	250 KW / m^3	7000 KW / m^3
Abmessungen *m* Volumen m^3	0,35 x 0,35 x 0,67 0,082 m^3	0,32 x 0,32 x 0,62 0,067 m^3	0,29 x 0,29 x 0,55 0,047 m^3	0,45 m^3	0,4 m^3	0.014 m^3
Gewichtsleistung *kg/ KW*	0,4 *kg/ KW*	0,3 *kg/ KW*	0,2 *kg/ KW*	4-5 *kg/ KW*	3,5*kg/ KW*	0,16*kg/ KW*
Gewicht	40 *kg*	30 *kg*	20 *kg*	etwa 360	etwa 350	16 *kg*
Kammernvolumen 1.Kompressorsstufe drei Kammern	0.00167 m^3 (1,67 dm^3)	0.00121 m^3 (1,21 dm^3)	0.00902 m^3 (0,902 dm^3)	Hubraum 0,001390 m^3 (1,39 dm^3)	Hubraum 0.001390 m^3 (1,39 dm^3)	
2.Speicher drei Kammern	0,0047 m^3 (4,7 $dм^3$)	0,0035 m^3 (3,5 dm^3)	0,0018 m^3			
3.Brennkammer	0,00145 m^3	0,00108 m^3	0,000876 m^3			
4.Expansionsstufe drei Kammern	0,004283 m^3	0,00311 m^3	0,00232 m^3	dieselbe 0,001390 m^3	dieselbe 0,001390 m^3	
Druckverhältnis	Verdichtungsverhältnis gleicht dem Arbeitsdruck Arbeitsdruck hängt von Gegenmoment auf der Well ab			Druckverhältnis 12:1	12 :1	
Normalarbeitsdruck p *bar* Max.Arbeitsdruck	7-15 *bar* 22 *bar*	7-15 *bar* 22 *bar*	7-15 *bar* 22 *bar*	mittleren Druck 14 *bar* 50 *bar*	14 *bar*	
Drehmoment bei p = 12 *bar*	450 *Nm*	420 *Nm*	390 *Nm*	200 *Nm* bei 1500-4000 min^{-1}	186 *Nm* bei 2750 min^{-1}	
Nutzungsgrade	56 –65%	56 –65%	56 –65%	50 %	40 %	20 %
Typ des Kraftstoffs	- möglich ist beliebiger Flüssigkraftstoff zum Beispiel, Petroleum H_u = 40000 *kJ/kg*	Petroleum	Petroleum	Sprit Super,(EURO 4-5) Oktanzahl 98/88 Heizwert H_u = 43000 *kJ/kg*	Sprit O/Z 91/82 H_u = 43000 *kJ/kg*	üblicherweise Petroleum H_u = 43000 *kJ/kg*
Verbrauch bei Leistungsmaximum	13,5–15*kg/ St*	13,5–15*kg/ St*	13,5–15*kg/ St*	20 *kg/St*	25 *kg/St*	50 - 60 *kg/St*
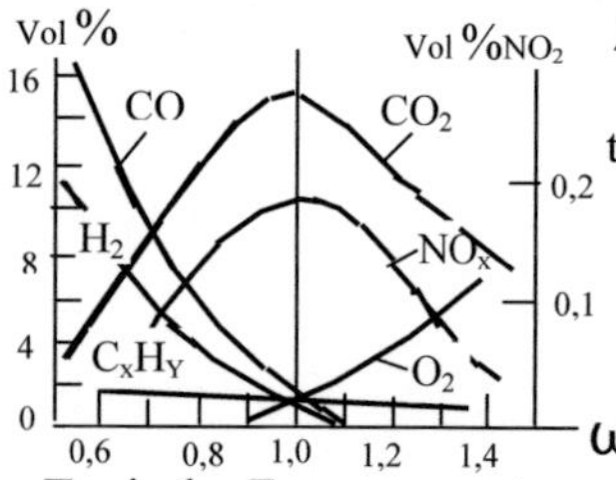 Vol % / Vol %NO_2 / 16 / 12 / 8 / 4 / 0 / CO / CO_2 / H_2 / NO_x / C_xH_Y / O_2 / 0,2 / 0,1 / 0,6 / 0,8 / 1,0 / 1,2 / 1,4 / ω Typische Zusammensetzung der Abgase in der Abhängigkeit von Luftüberfluss ω	Zusammensetzung der Abgase Arbeitstemperatur des Gases t = 750-1050°C (T=1023 – 1323°K) bei Luftüberfluss ω =2 CO > 0% CO_2 < 9 % C_xH_y < 1,5 % NO_x< 0,03 % O_2 > 20 % H_2 > 0%			t ≈ 2000° C ω =1 CO < 5% CO_2 < 15 % C_xH_y ≈ 3 % NO_x ≈ 9 % O_2 ≈ 3% H_2 ≈ 2 %	t ≈ 2000° C ω =1 CO < 5% CO_2 < 15 % C_xH_y ≈ 3 % NO_x ≈ 9 % O_2 ≈ 3% H_2 ≈ 2 %	t ≈ 950-1100°C ω =2 CO < 5% CO_2 < 9 % C_xH_y ≈ 3 % NO_x ≈ 9 % O_2 ≈ 3 % H_2 ≈ 2 %

Quelle: Vorentwurf, Thermodynamische Analyse, Taschenbuch Maschinenbau, Reklame, Klaus Groth, Verbrennungsmaschinen u. v. a.
Der korrekte Vergleich der technischen Charakteristika der Drehkolbenkraftmaschine mit kontinuierlichem Brennprozess mit den Charakteristika herkömmlicher Kolbenmotoren, Drehkolbenmotoren und Turbinen gleicher Leistung ist erschwert durch die breite Streuung der Anwendungsbereiche mit spezifischen Anforderungen und entsprechenden Angaben. Zum Beispiel gibt es sehr leichte, aber nicht zuverlässige und mit geringer Leistung ausgestattete Wankelmotoren, die für unbemannte Flugapparate verwendet werden, die nicht zum Vergleich taugen. Ebenso existieren schwere, aber sparsame Dieselmotoren, die hier genauso wenig verglichen werden können.
Turbinen baut man meist mit großen Leistungen und zusätzlichen Vorrichtungen. So werden sie ökonomischer, aber komplizierter und kostspieliger in Herstellung und Wartung. Daher ist zum Vergleich eine imaginäre Turbine aufgeführt.
Es wäre, zuerst eine Drehkolbenkraftmaschine mit kontinuierlichem Brennprozess mit einer Leistung im Bereich 35–75 *kW* zu bauen, um die anfänglichen Kosten zu sparen. Und die Anwendungsmöglichkeiten sind nicht zu gering.
Aber für ersten experimentellen Prototyp eine Kraftmaschine mit Leistung 100 *kW* gewellt, denn für die Maschine mit solchen Leistung (Ausmaßen) gibt es die beste Möglichkeiten des Einsatzes der fertigen Teilen, die von deutschen Industrie angeboten sind. Damit werden die Kosten wirklich Reduziert sowie die Anwendungsmöglichkeiten am besten.

5 Weitere Perspektive

Der Vorentwurf des experimentellen Prototyps der Drehkolbenkraftmaschine mit kontinuierlichem Brennprozess zeigt eine Maschine, mit der die Experimente begonnen werden können. Das Ziel ist, erste Erfahrungen zu sammeln, denn die Drehkolbenkraftmaschine mit kontinuierlichem Brennprozess existiert noch nicht. In dieser experimentellen Maschine sind alle denkbaren Schutzmaßnahmen vor Überhitzung angelegt, weshalb sie ökonomisch gesehen nicht optimal ist. Große Wärmemengen werden mit Kühlsystemen abgeführt, um eine Überhitzung einzelner Teile zu vermeiden. Um im Voraus das Wärmeregime zu mildern, bis die Schwachstellen bestimmt sind, ist bei der Maschine ein gegenüber dem Optimum vergrößerter Verdichter vorgesehen, der einen großen Luftüberschuss für eine intensive Gasverdünnung während der Anfangsetappe gewährleisten soll. Dieser vergrößerte Verdichter erhält eine Einrichtung zur Steuerung des Verdichterraums, um in allen Etappen des Experiments den Verdichterraum an die Bedürfnisse anpassen zu können und dabei die Herstellung vieler Typengrößen des Kompressors zu vermeiden.

Die nachfolgende Version der Maschine könnte sich als universale Kraftmaschine mit steuerbarem Verdichterraum, sich automatisch anpassendem Expansionsraum sowie mit Gas-Dampfzyklus in den Expansionskammern erweisen. Eine weitere Version zeigt die Maschine mit Schraubenrotoren. Das Patent auf diese Maschine ist vom Autor am 15.05.2010 beim Patentamt in München angemeldet worden. Die thermodynamischen Begründungen, der Berechnungsalgorithmus und das Computerberechnungsprogramm sind ebenfalls bereitgestellt.

So entsteht eine Palette der Drehkolbenkraftmaschinen auf Perspektive:

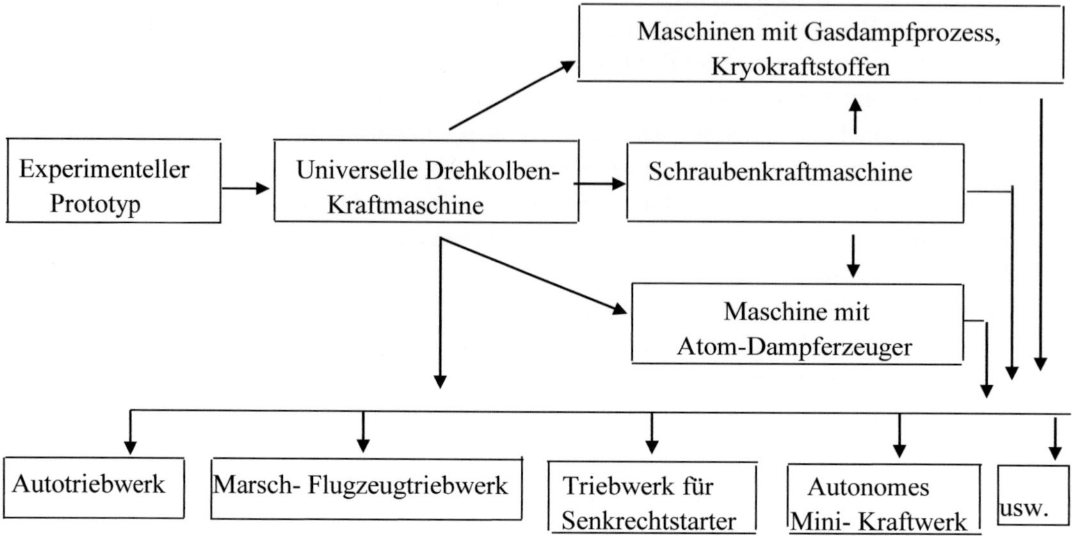

Diese Palette ist in ihrer Gesamtheit eine technologische Plattform für Triebwerke der neuesten Generation.

LITERATURVERZEICHNIS

1. Handbuch Verbrennungsmotor. Grundlagen, Komponenten, Systeme, Perspektiven, Hybridantriebe. IAV GmbH, Vieweg + Teuber/GWV Fachverlage GmbH, Wiesbaden 2010
2. Taschenbuch Maschinenbau, Band 5, VEB Verlag Technik, Berlin 1989
3. Dubbel: Taschenbuch für den Maschinenbau, 17. Auflage, Springer-Verlag, Berlin, Heidelberg 1990
4. Verter, G. (Hrsg.): Handbuch Verdichter, 1. Ausgabe, Vulkan-Verlag, Essen 1990
5. Groth, Klaus: Verbrennungskraftmaschinen, Friedrich Vieweg & Sohn Verlagsgesellschaft mbH, Braunschweig/Wiesbaden 1994
6. Groth, Klaus: Hydraulische Kolbenmaschinen, Friedrich Vieweg & Sohn Verlagsgesellschaft mbH, Braunschweig/Wiesbaden 1996
7. Rogers, Mike: VTOL-Military Research Aircraft, Haynes Publishing Group, Sparkford, Somerset 1989 (Deutsche Übersetzung Wolf Westerkamp: VTOL-Flugzeuge. Senkrechtstarter, Motorbuch-Verlag, Stuttgart 1992)
8. Westerkamp, Wolf: VTOL-Flugzeuge, Senkrechtstarter; Motorbuch-Verlag, Stuttgart 1992
9. Urlaub, Alfred: Flugtriebwerke, Springer-Verlag, 1991
10. Hafer, X./Sachs, G.: Senkrechtsstarttechnik, Springer-Verlag, Berlin 1982
11. Aronson, R. B.: Return of Propeller Machine Design, February 23, 1978
12. Jsay, W.-H.: Propellertheorie, Springer-Verlag, Berlin 1982